世界の植物をめぐる

80

の物語

AROUND THE
WORLD
IN
80 PLANTS
Jonathan Drori
Illustrated by Lucille Clerc

ジョナサン・ドローリ

ルシール・クレール 挿画

穴水由紀子 訳

柏書房

著者による謝辞

どんな作家にも編集者が必要です。洞察力があり、打てば響き、忍耐強く、明るく外交的なアンドルー・ロフは、私が望むすべてを兼ね備えていました。そしてああ、なんて嬉しいことか！　ルシール・クレールにはまったく畏れ入りました。皆さんにも私が感じたように、彼女の華麗なイラストが文章を楽しく補ってくれていると思っていただけたら幸いです。そして彼女にイメージを簡潔に伝える最適な資料を見つける手伝いをしてくれた、ケルティ・メカルスキとアルベルト・グレコ。それに、マスミ・ブリッゾとフェリシティ・オードリーがいなければ、これほど美しく調和のとれた本にはならなかったでしょう。

キューガーデン（私の天国）の優れた図書館と文書館のスタッフの皆さんにも、助言をくれたロンドン大学図書館のキャロライン・キンベルにも大変お世話になりました。時間を惜しまず、専門家として気さくに原稿を読んでくださったスチュアート・ケーブル、チャールズ・ゴッドフライ、マイク・グリーンウッド、ジェフ・ホーティン、ジョー・オズボーンには心より御礼申し上げます。英国政府の動植物衛生庁で頑なに植物を守っているルーシー・カーソン＝テイラーには、本書で取り上げた複数の植物について助けていただき、本当に勇気づけられました。まだ間違いが残っているとすれば、それは私の責任です。

植物や環境に関連するさまざまな組織と協力するなか、素晴らしい慧眼をおもちの専門家の方々とも知り合うことができました。心から感謝しています。

私が本書で行ったことの大半は、他の科学者や歴史家の成果をお伝えすることでした。彼らは自らの専門分野について骨身を惜しまず研究を続け、何世紀にもわたって人類の知見を積み上げてきたのです。彼らがいなければ、本書が生まれることはなかったでしょう。

妻のトレーシーと息子のジェイコブは、私が奇妙な植物の世界にのめり込むことに辛抱強く耐え、今ではその世界の一端に影響を受けさえしています――まだ彼らは認めないかもしれませんが。

世界の植物をめぐる
80
の物語

目次

序文　8

序文

私は母と父が植物について専門家のように説明してくれたことを覚えています。ふつうの親がよくするように、果実や花の匂いや見た目、季節ごとの葉の形や色や手触りも教えてくれましたが、私たち兄弟に植物の隠れた生活についても話してくれました。植物の性質や関係性——つまり、植物どうしの関係や、動物や菌類との関係、そして人間との関係についてです。私は秘密が大好きで、母は植物学者ではなかったけれど、母の持ち歩く手提げにはいつもルーペが入っていて、とても小さなものをじっくりと見て驚き楽しんでいました。あるときは父と博物館を訪れました。そこでは、花が虫に驚くべきパターンのシグナルを送っていることが、紫外線ランプの光で照らしだされていました。私は嬉しくて笑いだしました。何でもない風景にそんなわくわくすることが隠れているなんて！ それから数十年後、私はキューガーデン——ひょっとすると地球上で最も生物多様性にあふれ、隠れた宝が散りばめられている場所——の評議員として、さまざまな植物の調査旅行に同行することができました。それは私にとって至福の時間であり、世界をめぐる本書を執筆する源泉となりました。それ以来、環境や植物に関するさまざまな団体の役員や大使を務めています。各団体のスタッフは植物についての見識を分かち合いたくてうずうずしているようで、私はこれまでになく、科学と歴史や文化とを結びつける物語の力について強く意識しています。

旺盛に、そしてしばしば奇妙に繁茂する植物の世界は、私たちを魅了してやみません。咲き乱れるマグノリアや、宝石のようなハスの花、見事だけれど薄気味悪いランの花に魅入られずにいられるでしょうか。あるいは、私たちがよく知っているつもりのトウモロコシやトマト、ジャガイモの驚くべき歴史はどうでしょうか。もしくは、その場から動かずに、花粉や胞子、種子をばらまくために巧妙な手立てを使う——空中へ巧みに放ち、虫や動物に報酬を与えて正確に運ばせる——植物たち。そうして手伝ってくれた相手に、誠実に振る舞って報酬を与える植物もあれば、相手を騙して誘い込み、殺して食べてしまう植物もありま

す。擬人化せずにはいられません。こっそり白状しますと、私は空想のなかでときどきやっています。

　私にとって植物の科学はとてつもなく魅力的なものですが、そこに人間の歴史や文化が絡み合うとさらに生き生きと輝きます。本書に登場する物語の多くは、植物についてと同じくらい、人間についても露わにします。ダム・ケイン、ケシ、オウコチョウと、それらの痛ましく困難な物語。カバ、スパニッシュモス、ロードデンドロン・ポンティクムにまつわる奇妙な伝承。マンドレイク、チョコレート、ニガヨモギまでも男女ともに媚薬として摂取してきたこと。愉快なパンプキンもお忘れなく。セイヨウイラクサ、ケルプ、ミズゴケなどあまり目立たないものにも喜びはあります。本書での私の旅は、まさにその目立たない植物たちをそれぞれイングランド、スコットランド、アイルランドで取り上げることから始まり、その後はざっくり（非常にざっくり！）いうと、ジュール・ヴェルヌの『八十日間世界一周』の主人公フィリアス・フォッグのように、ロンドンの自宅から東に向かって出発します。

　植物で最も驚嘆すべきことは光合成をすることでしょう。ごく基本的な物質——空気から二酸化炭素、根から水と比較的少量の栄養分——を取り込み、太陽のエネルギーを使って、木質の幹や枝、組織、葉、果実、種子を作る複雑な物質を生みだします。私たちを含むあらゆる生き物が、それらに何らかの形で頼っています。動物は植物を、あるいは植物を食べる何かを食べているのです。

　植物も動物も菌類などの微生物もすべて、生命が織りなす多様で驚くべき関係のなかで頼り合っています。けれども、室内ゲームのジェンガでプレイヤーが代わる代わるパーツを抜き取ってタワーが不安定になっていき、最後は倒れて終了するのと同じように、個々の生物種が脅かされると私たちの生態系も回復力が低下していき、非常に脆弱になって、最後のそっと一押しで生態系全体が崩れてしまいかねません。私たちの未来は、こうした生態系と生態系間の関係性に頼っていますが、悲しいことに生物の多様性は、人間の放縦な消費や農業のやり方、気候変動がもたらす脅威にさらされています。それらはすべてつながっているのです。

　私たち人類がどれほど消費し、それがどれほど環境に影響を及ぼすのかは、人口の増加だけでなく、私たちが行う選択とも関係があります。それは購入する商品の量やその原料の生産方法、個人や産業が使用するエネルギー、私たちの移動手段、建設に用いる技術などについての選択です。残念ながら、気候変動の影響が誰の目にも痛ましいほど明らかになってからでは、災禍を避けるには遅すぎるでしょう。私たちにはじゅうぶんな動機があり、やらなければならないことはわかっています。解決策の多くを知っていますし、知恵を絞ってそれらを生みだしていくこともできます。しかしそれらを実行に移すには、決然と政策を

進める政府が必要です。炭素税を率先して導入し、環境保全技術に資金援助し、私たちがぐずぐずしているのなら、一部の製品や活動を制限する政府です。問題をあいまいにして短期的利益を得ようとする人々のロビー活動に抗う、勇敢で先見性のあるリーダーが必要なのです。それは勇気をもって人々に耳の痛いメッセージを伝え、カリスマ性があって、この人ならばと人々に思わせる、権能をもつ思慮深い政策決定者です。私たちは気候という共通の敵に立ち向かう全員参加の同盟であって、相手が勝てば自分は負けるというゼロサムゲームをやっているのではないことを、各国が確信しなければなりません。自分たちは犠牲を払っているのに、他国の人はそうではないと感じたら、彼らは変化に抵抗するでしょうし、もっとサステナブルで低炭素の世界への、速やかかつ断固たる移行は困難になるでしょう。衰退する産業も確かに出てきますが、植物が置かれた環境で進化するように、他の産業が新たな分野で栄えていくことでしょう。一部の娯楽はおしまいになる代わりに、他の楽しいこともきっと始まります。私たちはリーダーたちを、メディアを勇気づけて、私たちの時代の大問題に取り組んでもらわねばなりません。どうすれば私たちは幸せで満たされたまま、低消費・低炭素の世界へと速やかに移行できるのでしょうか?

　私たちの食料の生産方法は、周囲の環境へ膨大な影響を及ぼしています。途方もない量の化石燃料を使って肥料を製造し、森林を飲み込む広大な農地を使ってトウモロコシや大豆を収穫し、それらの大部分を飼料にしておびただしい数の畜産動物に与え、最終的にはそうした動物を食べています。これはばかばかしいほど非効率です。私たちが家畜の肉を食べる量を減らせば、土地にかかる負担が軽くなり、石油やガスへの依存が減って、生物の多様性が促されるでしょう。私たちが食べる植物種を多様化すれば、環境を守ることになるでしょう。私たちは全カロリーの半分を、小麦と米とトウモロコシというわずか3種類の植物から、直接的または間接的に摂取しています。これにたった9種類を加えるだけで、その割合は85%に跳ね上がります。栄養豊富で魅力的なおいしい植物はたくさんあり、出番を待っています。そうした植物をもっと使えば楽しいだけでなく、近い系統の交配が多くて病害虫の被害を受けやすい大規模な単一栽培への依存を減らせるでしょう。また農作物の野生種や、ちっぽけで貧弱に見える原種、栽培されている食用植物の近縁種も保護しなければなりません。それらの多くは、生息地の喪失や気候変動に脅かされてはいますが、耐病性や乾燥耐性などきわめて重要な形質を作りだすために活用できる遺伝子をもっています。

　読者の皆さんには、この植物をめぐる旅をぜひ楽しんでいただきたいと思います。前著『世界の樹木をめぐる80の物語』(三枝小夜子訳、柏書房)が熱く支持されたことは、嬉しい驚きでした。どうやら多くの方は、最初から順繰りに

読み通すというよりも、ベッドサイドやキッチンに置いて、お好きなページから気軽に読んでくださったようです。ですので本書では、ときおりテーマからあえて横道にそれたりしています。外を散歩するとき、道端のあれこれに気を惹かれて楽しむように。

　植物と時間を過ごすこと以外に、私は最近の大学での研究について読むことも楽しんでいますが、本書には脚注や詳しい参考文献は載せませんでした。とはいえ、より深く掘り下げるためのお勧めの文献をご紹介するセクション（206ページ）を設けるとともに、より包括的な文献のリストはウェブサイト（www.jondrori.co.uk）に掲載しています。もちろん本書においては、文章は物語の半分にすぎません。ルシール・クレールのイラストは、最高の肖像画がそうであるように、それぞれの植物種の本質を見事にとらえ、文章を補っています。読者の皆さんもきっとそう思われることでしょう。どうか本書で素晴らしい植物との出会いを楽しんでいただけますように。そして私たちが注意を払い、多くは保護の必要がある他の何十万種もの植物についても、どうぞ思いやっていただけますように。

イングランド
セイヨウイラクサ
（イラクサ科イラクサ属）

Urtica dioica

　セイヨウイラクサの雄株と雌株は控えめなカップルです。花粉を虫ではなく風に託すので、派手な花は要りませんが、代わりに小さく目立たない花を花綱状（ガーランド）に咲かせます。雌花はたおやかに垂れていますが、雄花はアーチ形で、そこからミニチュアのカタパルトを発射して、花粉を空中へと人の指の長さほど弾き飛ばします。それは夏の朝日に照らしだされる魅力的な光景です。

　セイヨウイラクサの茎はたいてい人の肩の高さほどに成長し、その長く丈夫な繊維は数千年前から布を織るのに使われてきました。デンマークでは2,800年前のセイヨウイラクサの布が、火葬した人骨を包んだ状態で発見されています。中世ヨーロッパでは、セイヨウイラクサの繊維がアマ（36ページ）とともに、布を織るのに広く使われました。第1次世界大戦中のドイツとオーストリアでは、不足した綿の代用品としてセイヨウイラクサを集めるよう、国民に呼びかけられました。

　セイヨウイラクサの英語名「nettle（ネトル）」は、多くの典型的な英国の村の名前に組み込まれています（ドイツではNessel（ネセル）がそれに相当します）。この言葉は、インド・ヨーロッパ語族の「絡み合う」という意味、あるいはアングロサクソン語の「針」を意味する言葉に由来するかもしれません。針は裁縫に関係がありますが、植物の防御をも想起させますから。セイヨウイラクサの縁がギザギザの葉と硬い茎は「刺毛（しもう）」に覆われており、その多くは非常に小さく、ガラス質で、皮膚に刺さります。それだけでなく、刺毛にちょっと触れただけで、先端にある球状の部分がポキリと折れ、注射針のように皮下に刺激物のカクテルを注入して、ときには数時間続く焼けるような痛みやかゆみを引き起こします。その痛みを和らげるのによく使われるのが、たいていセイヨウイラクサの近くに生えているドックリーフ〔訳注：ソレルやギシギシなどのスイバ属の葉〕です。大した効き目はありませんがひんやりして気は紛れますし、親が優しく慰めてくれた記憶を呼び起こしてくれるかもしれません。一方、刺毛は牛の敏感な口元や鼻を攻撃するので、セイヨウイラクサはヨーロッパアカタテハやコヒオドシなどの蝶の幼虫や、多くの昆虫にとってきわめて重要な生息環境となっています。彼らは刺毛を意に介さず、むしろ捕食者からの防御として使っているのです。

　セイヨウイラクサは私たちの生にも死にも寄り添い、歴史を知る手がかりを与えてくれます。リン酸が豊富な土壌でよく育つので、施肥した畑の隅に生い茂ったり、私たちに必ずついて回るリン酸——焚火の灰、捨てたゴミ、骨そのものなど——の後を追いかけたりします。今、城の堀の土手を覆うセイヨウイラクサ

は、数百年前にそこに投棄されたゴミや下水に由来するミネラルで生きています。教会の墓地にも繁茂しますし、古代集落の跡地にも芽をだして、土壌の化学物質にかつて人間が暮らした痕跡が残る場所で、他の植物を凌駕します。犯罪の科学捜査では、遺体が埋められた場所を明らかにもしてきました。

運悪くローマ帝国最北端にあるハドリアヌスの長城に派遣されたローマ兵は、「アーティケーション」（セイヨウイラクサで体を叩くこと）で、リウマチの痛みを和らげたり、冷え切った体を温めたりしました。ことによると、退屈しのぎにもしたようです。なるほど、ヒリヒリと焼けるような傷みを繰り返すことは不快だけとはいえないでしょうが、その感覚を媚薬として経験する人は特殊なタイプです。とはいえそういう人は確かにいて、今でもアーティケーションは快楽にわずかな痛みを好む人々が実践しています。

英国人にとってセイヨウイラクサとの関係は、快と不快とが表裏一体であることは間違いなさそうです。18世紀のジョージ王朝時代には、庭に招いた客に新発見のハーブの花束について講釈するいたずらがありました。それは実際のところ、当時あまり知られていなかったセイヨウイラクサの変種だったらしく、客が鼻を突っ込み、痛みでしかめっ面になったのを見て、大笑いしたのです。まったくこの時代の人たちときたら！　今でも毎年、イングランド南西部のドーセットでは「セイヨウイラクサ食い選手権」が開催されており、分別ある参加者（そんな参加者いるのかしら？）は、刺毛の攻撃力を多少なりとも弱めるために、口に入れる前に葉を丸めたほうがよいことを知っています。とはいえ調理すれば刺毛は完全に壊れます。セイヨウイラクサの春の新芽で作ったスープは、口当たりは妙にざらつきますが無害です。風味は少し草っぽいですが、ほうれん草よりも栄養価が高く、野草摘みの愛好家たちの自己満足を文句なしに満たします。

セイヨウイラクサには妙に英国的なところがあります。奇行とユーモアが見え隠れするところとか、イングランドの気持ちのよい無害の緑の大地に、控えめで、むしろ喜ばれるくらい毒をチクリと効かせているところとか、がね。

ロードデンドロン・ポンティクム

（別名ムラサキセキナン、ツツジ科ツツジ属）

Rhododendron ponticum

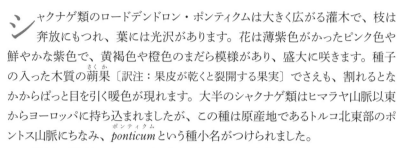

シャクナゲ類のロードデンドロン・ポンティクムは大きく広がる灌木で、枝は奔放にもつれ、葉には光沢があります。花は薄紫色がかったピンク色や鮮やかな紫色で、黄褐色や橙色のまだら模様があり、盛大に咲きます。種子の入った木質の蒴果〔訳注：果皮が乾くと裂開する果実〕でさえも、割れるとなかからぱっと目を引く暖色が現れます。大半のシャクナゲ類はヒマラヤ山脈以東からヨーロッパに持ち込まれましたが、この種は原産地であるトルコ北東部のポントス山脈にちなみ、*ponticum* という種小名がつけられました。

　18世紀に英国とアイルランドにもたらされたロードデンドロン・ポンティクムは、湿潤な温帯気候のもとで順調に、いえ実際には順調すぎるほど、よく育ちました。大邸宅の庭園を豪華に彩る観賞植物として流行し、その後は地主たちが狩猟用の鳥の隠れ場所として盛んに植えました。日陰にも酸性土壌にも耐えるため、どんどん広がっていったのです。

　今ではスコットランド西部の広大な地域に定着し、在来の生物多様性に計り知れない影響を与えています。ロードデンドロン・ポンティクムが生えている場所では、ほぼすべての植物種が危険にさらされます。原産地で自生しているぶんには生態系に問題なく溶け込んで暮らしますが、英国とアイルランドでは日光と栄養分をめぐって争い、在来種を駆逐してしまうのです。さらに悪いことに、この種はサドンオークデス病菌（*Phytophthora ramorum*）（phytophthora はギリシャ語で「植物破壊者」という意味）のすみかにもなっています。これは真菌に似た微小な水生菌で、樹木、特にカラマツ、ブナ、ヨーロッパグリを痛めつけます。

　多くの植物は草食動物に食べられないように葉に毒がありますが、ロードデンドロン・ポンティクムは花の蜜さえも有毒です。英国のミツバチにとっては致命的ですが、マルハナバチはへいちゃらで、この植物の侵略を手助けしています。

　原産地のトルコの山地から黒海沿岸をとおり、ジョージアに至る地域のミツバチは、ロードデンドロン・ポンティクムの毒に対する免疫を進化させてきました。そこではミツバチは他の昆虫とほとんど競争せずに大量の蜜を満喫でき、一方、ロードデンドロン・ポンティクムにも、栄養が行き届いているため他の種の花に注意を向ける必要がない花粉媒介者（送粉者）がいてくれます。とはいえ、そのハチが集めた蜜を食べる人にとってはそれほど幸運ではありません。たっぷり食べると血圧は危険なほど下がり、心拍数も落ちてしまうのです。紀元前69年、ポンペイウスが指揮するローマ軍に追われたペルシア王ミトリダテスの同盟軍は、

毒を含んだ蜂の巣をわざと残し、ローマ兵に見つけさせました。甘味たっぷりの蜂蜜は兵士たちにはあまりにも魅力的で、ローマ軍は戦えなくなり、速やかに制圧されてしまいました。紀元1世紀のローマの博物学者、大プリニウスはこの地域の「マッド・ハニー（meli maenomenon）」の存在について警告していますが、軍隊がこの策略をまねた記録は15世紀まで、数百年ごとに見られます。

　マッド・ハニーは今でも黒海付近で採集され、強壮剤として、あるいはふらふらヒリヒリする感覚を引き起こす娯楽用ドラッグとして、ときおり使われています。性的能力を高めるともいわれていますので、うっかり中毒を起こす人の大半が特定の年齢層の男性なのもうなずけます。

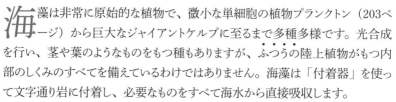

ケルプおよびジャイアントケルプ
（コンブ科コンブ属およびコンブ科オオウキモ属）

Laminaria spp. and *Macrocystis pyrifera*

海藻は非常に原始的な植物で、微小な単細胞の植物プランクトン（203ページ）から巨大なジャイアントケルプに至るまで多種多様です。光合成を行い、茎や葉のようなものをもつ種もありますが、ふつうの陸上植物がもつ内部のしくみのすべてを備えているわけではありません。海藻は「付着器」を使って文字通り岩に付着し、必要なものをすべて海水から直接吸収します。

スコットランド周辺の海には数種類の一般的なケルプ〔訳注：コンブ科の大形海藻の総称〕が育ちます。いずれも濃褐色や緑色がかった茶色で、革のような質感の長い葉状部があります。海中でしなやかに揺れてキラキラ光るときも、岸辺に流れ着いたばかりのときも、帯や紐のようなケルプはとてもなめらかで、思わず触って、いや、舐めてみたくさえなります。嵐で打ち上げられて積み重なり、腐ったものにはそんな気は起こりませんが、たとえそうでもケルプは貴重な肥料になります。葉状部の縁がフリル状の「sugar wrack（砂糖の漂着物）」と呼ばれるカラフトコンブ（*Saccharina latissima*）はとりわけ魅力的です。チューインガムのコーティングに使われるマンニトールという甘い物質を、栄養分として貯め込んでいるのですから。またカラフトコンブは「貧乏人の晴雨計」としても知られています。カラフトコンブの帯を空中に吊り下げると、湿度の変化によって膨らんだりピンと張ったりするので、天気が予想できるのでしょう。別の2種、タングル（*Laminaria digitata*）とキュビィ（*L. hyperborea*）はなめらかな帯状で、かつてスコットランドの街角では、若くて柔らかい葉状部を細かくスライスしたり湯がいたりしたものを、おいしいスナックとして売っていました。ケルプには風味を高める化合物が含まれており、旨味調味料の主成分であるグルタミン酸ナトリウム（MSG）が初めて作られたのは、日本産のケルプ（昆布）からでした。

18世紀には、ケルプ灰（ケルプを集めて乾燥させ、焼いた後に残った灰）が、ガラス製造で「融剤」として使われる炭酸ナトリウムの重要な供給源になりました。融剤はガラスの主要成分である砂を融解しやすくするために、炉に加える物質です。肥料であるケルプの流用や、大規模にケルプを焼いて発生する煙や強烈な悪臭がひどく嫌われ、スコットランド北岸沖のオークニー諸島では労働者に対する公的保護が求められました。裁判で被告側は「ケルプの窯はあらゆる魚種を病で侵し、殺し、……農場のトウモロコシや牧草を枯らすだろう。さまざまな病気をもたらし、家畜の羊も馬も牛も、農家の家族までもが不妊になるだろう」と訴えられました。しかし商売が優先され、1900年にはスコットランド全

体で6万人がケルプ産業で生計を立てていました。地主が儲かっても、海辺で従事していた人々がその恩恵にあずかることはほとんどありませんでしたが。

1820年頃までには、炭酸ナトリウムの供給源はケルプ以外のものに取って代わられましたが、ケルプの採集はその後も続きました。ケルプは海水中に自然に存在する化学元素を組織内に濃縮させるからです。海藻はヨウ素のとりわけ重要な供給源となってきました。ヨウ素は限りなく暗い紫色の金属光沢をもつ結晶性の元素で（ヨウ素の英語名iodine(アイオダイン)は、フランス語で紫色を意味するiode(イオド)に由来します）、医薬品や消毒薬を作るのに使われます。1840年代にはグラスゴーだけで20社のヨウ素メーカーが存在しました。ケルプはまた、海水中に自然に含まれるかなり有毒な元素、ヒ素も蓄積します。オークニー諸島の北部には、ほぼ海藻だけを食べるように適応したノース・ロナルドセー種の羊がおり、この羊の肉は独特な潮の香りがしますが、牧草で育てられた羊の100倍のヒ素を、法定許容量以下とはいえ含んでいます。ひょっとするとこの羊にはヒ素に対する特別な耐性があるのかもしれませんが、人間がケルプで育てられた羊や、ケルプ自体を毎日大量に食べるのは、賢明ではないかもしれません。

ケルプの近縁種で太平洋で育つジャイアントケルプは、世界最大の海藻です。1日に人の腕の長さ以上も伸びて、1シーズンで長さ60mに達することもあります。巨大な付着器で海底に固着し、各ブレード（葉のような部分）の付け根にある浮き袋によって直立するため、「海中の森」を形成します。そこはけた外れに生産性の高い生態系で、微生物から魚類、大きなアザラシやアシカに至るまで、あらゆる生物を支えています。理論的には、こうした生命あふれるジャイアントケルプの森が、約1万5,000年前に最初に北米に移住した人々を養った可能性が考えられます。この「ケルプ・ハイウェイ」仮説によると、彼らは北米大陸に、ロシアとアラスカを隔てる現在のベーリング海峡を陸路でやってきたのではなく、ジャイアントケルプがもたらす豊かな海の幸に恵まれた、環太平洋沿岸域を海路で渡ってきたようです。最近では大気中から炭素を完全に隔離する方法として、海藻の森を植林することが提唱されています。

ジャイアントケルプ自体は、先端の1mほどを切り取っていけば、持続的な収穫が可能です。第一次世界大戦中に南カリフォルニアでは、巨大な桶(おけ)でとんでもない悪臭を漂わせながらジャイアントケルプを発酵させ、爆発物の製造に欠かせないアセトンが作られていました。現在、ケルプはアルギン酸ナトリウムの製造のために収穫されています。自重の数百倍もの水分を吸収するこの化学物質は、アイスクリームやクリームチーズを安定させ、口当たりをなめらかにします。また織物や塗料の製造や、胸やけの薬、薬剤カプセルのコーティングにも利用されます。こうした用途もそうですがケルプという植物自体もほとんどの人に知られていません。利用価値が高く、とても美しいのに、残念です。

アイルランド
ミズゴケ
（ミズゴケ科ミズゴケ属）

Sphagnum spp.

ミズゴケは足首の高さほどにも届きませんが、泥炭湿原の控えめながらも主要な創造主です。そこは穏やかで美しい生息環境であり、世界で最も重要な生態系の1つです。北半球の北極圏と亜北極圏にある雨の多い水はけの悪い場所では、ミズゴケ属の植物たちが驚くほど多彩な湿ったマットを形成しています。柔らかな緑色や、赤褐色や銅色、チョコレート色の落ち着いた色合いが広がるなか、あちこちに暖色系のピンク色や橙色、明るい黄色がさしているのです。太古からある植物で、体内にはより進化した植物が水分や栄養分を運ぶのに使う基本的な管さえないので、ミズゴケは根を必要としません。上部だけが生きていて、下の茶色いびしょ濡れの部分は枯れてしまっています。

スコットランドとアイルランドにはとりわけ見事な泥炭湿原があります。実際、英語で湿原を意味する「bog」は、「柔らかい」「湿っている」「浸かっている」という意味のゲール語に由来しており、湿原の少し高い場所や、分厚いミズゴケのマットをびちゃびちゃ踏みしめて歩くハイカーには、身に覚えがあることでしょう。水を蓄えたり吸収したりするミズゴケの能力は驚異的です。そのふわふわした小さな葉のような構造はスポンジのように雨水を貯め込むうえ、茎には孔の開いた特殊な「レトルト細胞」があって、そのおかげで乾燥したミズゴケは自らの体積の20倍もの水分をすばやく吸収できるのです。

ミズゴケには花がありません。代わりに、風で運ばれる微小な胞子で繁殖します。丈が短く、空気の動きが緩慢な地表近くで育つ植物にとって、この方法は問題があったかもしれませんが、幸いミズゴケは非凡な解決策を進化させました。人の指の爪ほどの長さの細い茎の先端に、直径わずか数mmの赤黒い球形のカプセル（胞子嚢）をちょこんと乗せたのです。カプセルの内部の1/3には25万個というとんでもない数の胞子がぎゅうぎゅう詰めにされており、残りのスペースには空気が入っています。

カプセルが乾燥して縮むと、内部の空気は圧縮されておよそ5気圧、つまり自動車のタイヤの空気圧の2倍ほどになります。すると突然、カプセルの蓋が弾け飛び、その「リリパット人〔訳注：ガリバー旅行記の小人国の住人〕のエアガン」は空へ向けて胞子を発射します。なかに押し込まれていた胞子は、カプセルが壊れるや重力のおよそ3万5,000倍で加速して時速100km以上に達します。胞子をバラバラにではなく密着させて放出することで、空気抵抗を大幅に減らしているのです。環状の空気の渦に乗り、前方へ押しだされた胞子は、な

んと上空20cmに到達します。この高さなら、風に運んでもらうにはじゅうぶんです。湿度の低い日には、ミズゴケのカプセルがパチッ、パチッと弾ける奇跡の音が聞こえます。

　ミズゴケはどうやら競争相手を妨害しつつ、環境を自分たちにとって居心地のよい場所に変えているらしい点でも注目に値します。枯れたミズゴケのもつれた絨毯は、溶存酸素が欠乏した淀んだ水場を作りだすので、そこでは生物がいなくなります。またミズゴケは、自分が生きるのに必要な量よりも多くの栄養分を取り込み、他の生物のためにほとんど何も残しません。そして狡猾な化学作用で湿地の水を強酸性に変え、ほとんどの植物も、微生物さえも生きられなくしてしまいます。湿地からは、何千年も前の人間の遺体が、ぞっとするほど良好な保存状態で発見されています。

　ミズゴケには殺菌作用と液体吸収力があることから、乾燥させたものを脱脂綿として傷の手当に役立てました。第一次世界大戦中、英国の病院では毎月大量のミズゴケが吸収材や殺菌のために使われました。この需要を満たそうと、英国やカナダの各地では「モス・ドライブズ（コケ運動）」が行われ、ミズゴケの採集が呼びかけられました。

　枯れたミズゴケは、酸素が欠乏した酸性の環境で腐敗せずに蓄積していき、そこに圧力がかかると固まって泥炭（石炭の前段階）になります。このプロセスには長い年月がかかり、泥炭の深さが10mを超えるような世界屈指の泥炭湿地であれば1万年以上の時を経ています。モルトウイスキーに独特の燻した香りをつけるために、泥炭をわずかに掘りだすくらいなら正当化できるかもしれませんが、残念ながら湿地は現在、林業や農業のために水を抜かれたり、燃料用の泥炭が産業規模で採掘されたりして脅かされています。しかし世界の陸地の1％にすぎないミズゴケの湿地は、とてつもなく重要な炭素の貯蔵庫なのです。燃料用泥炭を日干しするためにピラミッド形に積み上げた光景がどれほど美しくても、泥炭を燻した香りがどれほど芳醇でも、泥炭が庭の土壌改良や発電にどれほど役立つとしても、目先の利益にとらわれて湿地を破壊するのは、近視眼的に過ぎるというものです。

セイヨウヤドリギ

（ビャクダン科ヤドリギ属）

Viscum album

鳥の巣のようにこんもりと枝に絡みつくセイヨウヤドリギは、ヨーロッパ北西部でリンゴやライム、ポプラといった宿主の木が落葉する寒い季節によく目につきます。1組ずつ対をなす丈夫な葉は冬をあざ笑うかのようにみずみずしい緑を保ち、無色で透きとおった魅力的な果実は、私たちやペットには毒ですが、鳥たちには貴重な食料です。

ズグロムシクイは果実をたらふく食べますが、くちばしにべたべたとくっつく、ビシンと呼ばれる粘着物に包まれた種子は食べません。彼らは丹念に種子を取りだして枝でくちばしを拭い、そうしながら樹皮をこそげたり、ときには樹皮の割れ目に種子を詰め込んだりします。ヤドリギにちなんで名づけられたヤドリギツグミは、種子をまる飲みにして、都合のよい場所、たいていはいつも自分が糞をする場所に、ビシンがねばねばと糸を引いたままの種子を排泄します。悪臭を放つもつれた種子が低い枝から垂れ下がっているところに、不覚にも突っ込んでしまうのも、アウトドアライフならではの喜びです。

ヤドリギの種子はひとたび枝にくっつくや、その邪悪な面を露わにします。種子はほっそりとした寄生根を伸ばして木の生きている組織に忍び込むと、その後はずっと、華やかな親戚のヌイトシア・フロリブンダ（129ページ）と同じように、半寄生植物として生きていきます。自分の葉で光合成はしますが、必要とするすべての水分と栄養分は宿主から吸い取るので、宿主は成長が遅くなり、結果として病気にかかりやすくなります。また木材や果物の収穫量を激減させるため、フランスには地域によって、地主にヤドリギの除去を義務づける法律があります。幸い、ヤドリギは市場にだせばすぐに売れます。

冬に豊かに葉を茂らせる神秘性から、ヤドリギはクリスマスや新年の祝祭が始まるより前の、古代の異教やドルイド教〔訳注：古代ケルト人の宗教〕の祝祭で「子だくさん」と関連づけられ、ほどなくして「porte bonheur（幸運のお守り）」になりました。今ではヤドリギはクリスマスの装飾として多くの人が何の気なしに買い求めていますが、異教を連想させるため教会にはめったに飾られません。ヤドリギの下にいる女性はキスを拒めない、とか、ヤドリギの下でキスをすると永遠に結ばれる、といった言い伝えはおそらく英国発祥で、その控えめな国民にはこのような社会的に許可を与えてくれるものが必要だったのかもしれません。それが今では多くのオフィスのクリスマスパーティーで人々に恩恵を、あるいはひょっとすると、災いのもとを、もたらしています。

ニガヨモギ

（キク科ヨモギ属）

Artemisia absinthium

　　ガヨモギは道端で育つたくましいハーブで、医療における長く重要な歴史
　　があります。丈は人の胸の高さほどになり、葉は銀色で深い切れ込みが
あり、花は淡黄色の円錐花序〔訳注：花のつき方（花序）の１つ。花軸が細かく
枝分かれして多数の小花をつけ、花穂全体が円錐状に見える〕です。ニガヨモギを
潰すと香りのよい化合物が混ざり合い、セージに似た強い香りを放ちます。

　英語で「wormwood（虫の木）」と呼ばれるニガヨモギには、虫を駆除する
化学物質が含まれており、それは腸内寄生虫が日常的に悪さをしていた時代に
は非常に価値のある特性でした。他にもニガヨモギを苦手とする生き物はいま
す。紀元１世紀には、ギリシャの医者ディオスコリデスが著書『薬物誌』で、
当時パピルス（64ページ）で作られていた本がネズミにかじられないように、イ
ンクにニガヨモギの抽出物を加えるよう勧めています。紀元77年には、大プリニ
ウスがニガヨモギには虫を追い払う力があると書いており、それはこの植物を意
味する古フランス語のgarde-robeや古英語のwaremothという言葉に反映され
ています。近縁種のローマン・ワームウッドを表わすドイツ語のwermutは、か
つては苦い万能薬だったベルモット（vermouth）の語源となりました。

　1792年にスイスで、医師ピエール・オルディネール（「ふつうの石」という意
味ですが、本名です）が、ニガヨモギをベースにした「エクストレ・ダブサン」
というアルコール性の薬を売りだしました。1805年にはアンリ＝ルイ・ペルノー
が、国境を越えてすぐのフランスにアブサンの蒸留所を建てました。その製法
は、ニガヨモギやアニス（*Pimpinella anisum*）などのハーブを加えた液を蒸留
した後に、ハーブのエキスを混ぜ合わせるという方法へと進化しました。その結
果、力強い苦味と鮮やかなエメラルド色が加わった、驚くほど高いアルコール
度数の飲料となったのです。1840年代にアブサンは発熱や寄生虫の予防薬とし
て、また汚染水を殺菌してくれるという期待もあって、アルジェリアのフランス軍
部隊に配給されました。その後、アブサンは媚薬で危険でもあるらしいという噂
が広まり、兵士たちはアブサンにすっかり魅了されて帰郷しました。

　とはいえ、アブサンが本当の意味で流行し始めたのは、ようやく専門用語と
道具立てを得てからのことです。1870年代になると、アブサンの飲み方に実に
甘美で華麗な作法が生まれました。まずアブサンをグラスに注ぎ、専用の穴あ
きスプーンをグラスの上に置いて角砂糖をのせます。そして氷水を１滴ずつ、で
きれば真鍮とガラスでできた凝った専用の道具（アブサンファウンテン）を使っ

て、角砂糖に垂らしていくのです。すると、「La Louche」〔訳注：フランス語で「怪しげなこと」という意味〕と呼ばれるにふさわしいプロセスが起こります。アブサンに溶け込んでいたさまざまな油性物質は、高濃度のアルコールにはよく溶けますが、水にはそれほど溶けないので、水滴が加わるにつれてそれらが姿を現し、透明な緑色の液体は魔法にかけられたように白濁していくのです。

その色と、いわゆる向精神作用のために、アブサンは「la fée verte（緑色の妖精）」と呼ばれ、ベル・エポック時代のカフェに集まった自由奔放な人々に愛されました。仕事帰りに専門のバーでグラス1杯のアブサンを飲んでくつろぐという習慣が生まれ、それは「l'heure verte（緑色の時間）」として巧みに宣伝されました。紀元50年にディオスコリデスがニガヨモギを二日酔いの薬として処方していたことを思うと皮肉なことですが、ニガヨモギはアルコールの作用を強め、認知を変化させて幻覚症状を起こすことさえあったようです。

1880年代までには多くの印象派の画家がアブサンに夢中になりました。オスカー・ワイルド、パブロ・ピカソ、シャルル・ボードレールも、ポール・ヴェルレーヌやアルチュール・ランボーといった当時の放埒な詩人たちも、アブサンに（文字どおり）絶大な信頼を置きました。そのような著名人のお墨つきを得てアブサンは熱狂的に流行し、依存を生み……そしてビジネスチャンスももたらしました。安物のアブサンが大量に市場に出回ったのです。問題が始まりました。

慢性的な依存者たちが「アブサン中毒症」を示し始めたのです。顔色が蒼白になったり、精神異常をきたしたり、何らかの幻覚を見たりするのは、ニガヨモギの毒性成分であるツジョンが原因だとされました。フィンセント・ファン・ゴッホはアブサンの影響下できわめて興味深い作品を複数生みだした可能性がありますが、彼の狂気や自傷、最終的な自殺も、アブサンが後押ししたのかもしれません。そのような危険性は、アブサンをたしなむ人物を描いたエドガー・ドガの絵画に端的に表現されており、そこではぼんやりとした憂鬱な顔の女性が虚ろな目でグラスの向こう見つめています。アブサンを飲んで、痙攣を起こした人、死んでしまった人さえいました。アブサンは第一次世界大戦が始まった頃、フランスなど多くの国で禁止されました。

今では私たちは、安価なアブサンには毒物や有害な着色料の混合物が当たり前のように入っていたことを知っています。おそらく最悪の事態を引き起こしたのは、少量のツジョンというよりも、こうした有毒な混合物がきわめてアルコール度数の高い酒に入っていたことでした。念のためにいうと、アブサンは今ではすっかり改善されており、製造されているのはツジョンの含有量がきわめて少ない──何の医学的作用ももたらさないとされる閾値をはるかに下回る──品種を使ったものだけです。だからといって、現代のメーカーや商売人たちは、精神に作用するエッジの利いた酒というアブサンの名声を復活させようとする試みをやめ

ていません。しかしこの薬物の物語は、ここで終わりではないのです。

1960年代後半から中国の科学者たちは、マラリアの新たな治療法を見つけようと、漢方で解熱剤として使われる植物種のスクリーニングに一丸となって取り組みました。紀元340年に葛洪が著した古典的医学書『肘後備急方』と、1596年の医学の手引書『本草綱目』に記されている「断続的な発熱を伴う病による熱と寒気」に関する一節からヒントを得て、研究者たちはニガヨモギと同じヨモギ属で中国原産のクソニンジン（Artemisia annua）を丹念に調べ、アルテミシニンと呼ばれる物質を発見、抽出しました。クソニンジンが相当な資源を使ってアルテミシニンを合成するのは、競合する植物を自らのテリトリーに侵入させないためのようですが、この物質は人間の体内では血液中のマラリア原虫を殺します。この研究はノーベル賞に輝き、今ではアルテミシニンとその誘導体は、中国やベトナム、アフリカ諸国で栽培されるクソニンジンから作られる、数多くの抗マラリア薬の主成分となっています。古代の知識のなかに、現代の科学にとって貴重なヒントが眠っていたことがわかるのは、本当に嬉しいものです。

デンマーク
クローバー
（マメ科シャジクソウ属）

Trifolium spp.

世界を一変させたことを考えれば、クローバーは地面に這（は）いつくばっている驚くほど慎ましいハーブです。主な栽培種は2種で、深紅色のアカツメクサ（*Trifolium pratense*）は舌の長いマルハナバチによる受粉に、白色のシロツメクサ（*T. repens*）はミツバチによる受粉にそれぞれ適応しており、どちらもサクランボ大のふっくらとした、かすかに甘い香りのする花を咲かせます。デンマークの平坦で肥沃な田園地帯は、このうえなく印象的なクローバー畑に彩られていて、その種子はこの国の重要な輸出品となっており、アカツメクサは国花ですらあります。一方、アイルランドの人々は、世界的に有名な自国のシンボルである3つ葉のクローバー「シャムロック」（ゲール語のseamrógは「小さいクローバー」という意味）は、あまり一般的ではない黄色のコメツブツメクサ（*T. dubium*）ではないかと、確証がないことを愉快に思いながら、考えています。

　植物は葉から吸収した二酸化炭素と根から吸収した水を使って光合成を行いますが、他にも土壌からの栄養分、特に窒素化合物とリンを必要とします。作物を土壌から引き抜くとこれらの栄養分も取り除かれてしまうので、動物や人間の排泄物を土壌に戻すなどしてそれらを補充しない限り、作物の収穫量は落ちてしまいます。通常は、肥料（窒素化合物などの化学物質）を加えることで解決します。とはいえ窒素は大気中にあふれていますから、なんらかの手の込んだ化学作用を用いれば、植物が使用できる栄養分に変えることができます。クローバー、ダイズ、エンドウマメなどのマメ科植物を植えましょう。メスキートやタマリンドなどの樹木でも構いません。それらは地球の天然の肥料なのです。

　マメ科植物は根粒に生息するリゾビウム属の細菌（根粒菌）と、すてきな共生関係を築いています。この細菌は窒素を「固定」する、つまり薄い空気から窒素化合物を作りだせるのです。ヒトを含む動物の基本構成要素であるタンパク質とアミノ酸には大量の窒素が含まれているため、マメ科植物は私たちの食事にとってきわめて重要です。だから私たちはマメ科植物を直接食べたり、家畜の餌に用いたりします。またマメ科植物は数千年にわたり、輪作されてきました。マメ科植物が「固定」した窒素は、他の作物の栄養分にもなるからです。

　クローバーは窒素を非常によく固定し、リンを蓄積します。最初に栽培化されたのは、10世紀頃のアラブ支配下のスペインですが、ヨーロッパで広く植えられるようになったのは17世紀になってからでした。当時、ヨーロッパの農業は、成長する都市に向けて穀物の出荷が増大し、窒素不足に見舞われていました。

都市の住民がだす排泄物は簡単には農地に戻すことができなかったからです。クローバーは人口を養うために不可欠なものとなり、1750年からの150年ほどの間に農業生産は飛躍的に増大しました。クローバーによって家畜は肥え、ミルクや肉や農作物はさらに多く生産できるようになりました。そうしたあらゆる余剰な食料のおかげで、ヨーロッパの人口はその期間にほぼ3倍になりました。

　暮らしには新たな甘味も加わりました。クローバーの受粉に必要なミツバチが大活躍して、蜂蜜の生産が急増したのです。赤、白、緑のロマンチックなパッチワークを織りなすクローバー畑は、ヨーロッパのアイデンティティに欠かせないものとなりました。今日の多くのヨーロッパ言語にはクローバーに関連する表現が見られ、たとえば英語の「being in clover（クローバーのなかにいる）」とは豊かで落ち着いた暮らしを表しています。ひとたび3つ葉のクローバーが幸運と結びつくと、突然変異体の4つ葉のクローバーはさらに運がよいということになったのでしょう。4つ葉になるのは数千分の1なので、じゅうぶん珍しくて特別ではありますが、苦心惨憺しても見つからないというほどではありません。

　1909年にドイツの化学者フリッツ・ハーバーが発明し、のちにノーベル賞を受賞することになったのが、メタン（天然ガス）と空気を原料に使い、肥料用の窒素化合物を作りだすハーバー法です。これは第二次世界大戦後に世界中に広がり、クローバーとリゾビウム属細菌の協力関係を奪い取りました。収穫量が増大して世界人口も増えましたが、膨大なエネルギーを使うこの方法は、気候変動にはなはだしい悪影響を及ぼしています。農業排水が川や海に流れだして藻類が異常繁殖し、酸欠水域を生みだしていますし、農地の大半が化学肥料を施した単一栽培で占められるようになり、除草剤や殺虫剤にますます依存するようになって、生物多様性も景観的魅力も失われる一方です。

　一部の工業型農業は持続不可能でしょう。一方、伝統的な輪作、より適切な管理、農作物やクローバーの改良品種を組み合わせた農業は、しだいに競争力を増しています。事情に明るい農家は畑にクローバーを再び植え、生物多様性にとってきわめて重要なミツバチなどの送粉者を導入しつつあります。

オランダ
チューリップ
（ユリ科チューリップ属）

Tulipa spp.

チューリップのいくつかの野生種は、甲虫に受粉してもらうように進化して、風や他の飛ぶ虫にはほとんど頼らずに緋色の花を咲かせます。他にも中央アジアの半乾燥地域の丘で光り輝く黄色をほとばしらせているものがあり、チューリップはそこから中世に遊牧民によって現在のトルコに持ち込まれました。一部のチューリップは花びらのところどころに微細なうね状の筋が並んでおり、その構造によって青色と紫外域の光を発する玉虫色のハロー（光の輪）が生じます。マルハナバチはそれに特に敏感に反応しますが、私たちの目には黒い栽培品種の花びらの上でかろうじて知覚できる、捉えにくいゆらめきにすぎません。

チューリップという名前は、つぼみの形がよく似た「ターバン」を意味するペルシア語に由来します。チューリップはトルコの詩においては女性美、完全性、楽園を表すものであり、先の尖った花びらの形は、芸術や建築、イスラムのタイル模様の一般的なモチーフになっています。

チューリップは16世紀後半までにはオランダに到達し、育種家が派手な交配種づくりに取り掛かっていました。なかにはウイルスの感染によって、花びらに複雑な筋模様をもつものも現れました。裕福なオランダの商人が投資の機会を求めるなか、希少性と大衆の関心が結びついて起きたのが、「チューリップ・バブル」です。チューリップの球根はどんどんばかげた金額で取引されるようになり、今では経済学を学ぶすべての学生が教わる危険で強欲な熱狂的投機が3年続いた後、1637年についにバブルは崩壊しました。

チューリップ栽培は今でもオランダが中心地です。その大地は集約農業により、区画ごとにチューリップの色で鮮やかに塗り分けられていますが、昆虫や菌類に食べ物にありつける機会を与えてもいます——壮大な規模での農薬散布が行われない限りは。

ドイツ
ホップ
（アサ科カラハナソウ属）

Humulus lupulus

ホ ップ（hop）という名前は、「よじ登る」を意味する古英語の hoppen（ホッペン）に由来します。一方、楽しく詩的なラテン語の学名 *Humulus lupulus*（フムルス・ルプルス）は、この植物が humus（「肥沃な土壌」という意味）を好み、はびこる性質（lupulus は「小さな狼」という意味）があることに由来します。ホップは毎年冬に地上部が枯れる多年生植物で、生け垣を這い上がったり、木の枝に絡みついたり、成長するにつれて不思議と葉の形を変えたりしながら、ひと夏で15mに達するほど旺盛に育ちます。

　アスパラガスに似た新芽は、少なくともローマ時代から食べられてきましたが、近縁種のアサ（172ページ）と同じく特に価値があるのは雌株の花で、「毬花（まりはな）」と呼ばれます。毬花には強い殺菌力をもつものなどさまざまな精油を分泌する腺があり、修道院の初期の薬草園では医療目的で摘み取られていました。1780年代に不安を抱えた英国王ジョージ3世が、ホップの助けを借りて睡眠をとったり、いらだつ神経を鎮めたりしたのは正しかったようです。最近の研究によると、ホップにはどうやら催眠作用や、不安やうつ症状を和らげたりする作用がありそうです。

　中世の北欧では、大麦麦芽を軽く発酵させたエールと呼ばれるほのかに甘い飲み物が食事の重要な部分を占めていましたが、あまり保存がききませんでした。修道士たちはエールにホップを加え、爽やかで苦味のある複雑な味わいの飲み物を作りだしました。ホップには防腐作用もあったので、この新たな「ビール」という商品は取引が可能となり、修道院は醸造所として利益をあげるようになりました。15世紀までにビールはヨーロッパ大陸全域で、その後まもなく英国でも普及しました。現在でもホップはオオムギ（34ページ）と並ぶビールの主原料です。

　現在、米国は世界一のホップ生産国ですが、やや収量の劣る品種を栽培しているドイツは作付け面積が世界最大です。ドイツと英国では18世紀以降、ホップヤードと呼ばれる大規模農場で、高さ5mを超える支柱やワイヤーからひもを張り、ホップのつるを這い上がらせて栽培してきました。機械化される前は、男たちが竹馬に乗ってホップや支柱の手入れをする、危なっかしくも絵のように美しい光景が見られました。摘み取りは手作業による重労働なので、ホップは安い労働力が近隣から調達できる場所で栽培され、19世紀から20世紀前半には、ホップ摘みが英国の労働者階級にとって夏季休暇中の親睦の場となりまし

た。1835年の『ペニー・マガジン』誌には、「ホップ摘みの期間は大いに活気づく興味深い季節で、この仕事に集まってくる種々雑多な人々を見るのはとても楽しい」と魅力的に（でも見下すように）書かれています。

　ビールの香りと風味は、100を超える品種からどのホップを使い、それをどこで栽培し、いつ収穫し、どのように配合するのか、そして厳密にどのように加えて発酵させるのか、で大きく異なってきます。ありがたいことに公共心のある人たちが、集中的な試飲と調整を行う責任を引き受けてきてくれました。それは大変な仕事ですが、誰かがやらなければなりません。

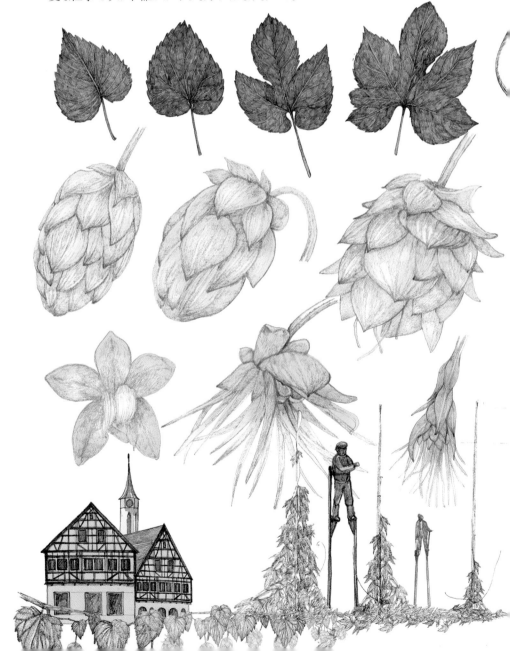

ドイツ
オオムギ
（イネ科オオムギ属）
Hordeum vulgare

穂先に針のような芒をもつオオムギは、人の腰の高さほどに成長する丈夫なイネ科植物で、人類との歴史は長く、現在のイスラエルとヨルダン付近で1万年以上前に栽培が始まった最古の穀物の1つです。野生の植物というのは次世代への継承を確実にしようとして、種子が成熟したとたん地面にばらまくように進化しますが、まさにその形質により、人々はオオムギの収穫時に恐ろしく退屈でつらい作業を強いられました。そのためたまたま種子が穂軸についたままの突然変異を見つけると、次の作付けではそれらを選んで育てるようになり、それを何世代も繰り返すうちに、ついにすべてが収穫まで種子を穂軸にしっかりつけたままになりました。おかげで収穫は飛躍的に楽になりましたが、それはこの植物が今では繁殖を人間に頼りきりであることも意味します。オオムギやコムギなどの穀物の栽培は、人間社会に多大な影響を与えました。共同体を定住させ、それらが融合して都市が築けるようになったのです。

　オオムギは紀元前4000年までには、エジプトとメソポタミアで栽培されていました。川の水を灌漑していたその地域では、土壌に塩分が含まれており、それに耐えられたオオムギはコムギよりもはるかに有利だったのです。紀元前1800年までには、オオムギはユーラシア大陸各地で主要な穀物となりました。ローマ時代になると富裕層はコムギを選ぶようになりつつありましたが、地中海東岸では依然として主食はオオムギで、おかゆや薄いパンにして食べていました。ローマ神話の農業とを司る穀物（cereal）の女神ケレス（Ceres）はオオムギとともに描かれ、剣闘士たちは体を大きくするために穀物や豆類など菜食中心の食事で鍛錬を重ね、「大麦男（hordearii）」と呼ばれていました。

　オオムギは生育期間が短く、回復力のある頼りになる作物で、干ばつや痩せた土地、高緯度地域や高地にも耐えられます。多様な食物繊維を含む大変優れた食品で、たとえ外側の殻を外されて磨かれた精白丸麦の状態になっても、コレステロール値や血糖値を改善する働きがあります。それにもかかわらず、オオムギは中近東の一部地域でシチューに加えたり、果物やナッツと合わせておかゆを作ったり、サラダにしたりする以外は、悲しいことに人間の食べ物としては過小評価されており、主に動物の飼料や醸造に使われています。

　4,000年前、現在のイラク南部に暮らしたシュメール人は、ビールを文明の象徴と見なしていました。原料となるオオムギを育てるには、複数の共同体がしっかりと根を下ろしていなければならなかったからでしょう。ビールは楔形文字の

文書でも、たびたび大きく扱われています。紀元前1800年頃の粘土板には、醸造についての詩的な描写や、ビール造りの女神ニンカシを讃える歌が記されています。この古代の詩人は「濾過したビールを注ぐとき、それはチグリス・ユーフラテス川の奔流のようだ」と思わせぶりに語っていますが、残念ながらレシピには言及していません。現在の東欧やロシアで、ライムギパンからクワス（kvass）という微アルコール性の爽やかな飲み物が作られているように、シュメールの醸造者もオオムギパンと水を混ぜたものを発酵させていたのでしょう。あるいは今日と同じように、オオムギを「麦芽にして」いたのかもしれません。

　麦芽にするプロセスでは、オオムギの生化学的性質を利用して、オオムギ自体を醸造に適したものに変化させます。穀粒は水に浸かると発芽を開始し、酵素を放出して内部にたっぷり蓄えられたデンプンを糖に変えるのです。オオムギはその糖を使って成長していきます。1週間ほどたったら、発芽した穀粒に熱を加えてそのプロセスを止め、麦芽糖などのおいしい糖類を取りだして酵母で発酵させます。スコットランドでは、この醸造物を蒸留してウイスキーを作ります。一部の国では、発酵させたトウモロコシから「ウイスキー」を作るという複雑な製法を取り入れていますが、その場合でもオオムギを混ぜて使っています。

　ドイツでは醸造が熱心に行われ、オオムギが大規模に栽培されるようになりました。オオムギは、ホップ（32ページ）、水、酵母とともに、「ビール純粋令（Reinheitsgebot）」で使用が許されている4原料のうちの1つです。1516年に制定されたこの法律は、混ぜ物による品質低下を防ぎました（し、パンの材料となる貴重なコムギがビールに使われないようにもしました）が、ひょっとすると、ドイツビールの厳格な一貫性がもたらす高い品質と、多様性がもたらす楽しさやワクワク感との間で起こりがちな矛盾を、世に知らしめているのかもしれません。

アマ
（アマ科アマ属）
Linum usitatissimum

春の空のような深いターコイズ色のアマ（亜麻）の花はこの上なく繊細で、そよ風で花びらが1枚、2枚と散ることもしばしばですが、花以外の部分は驚くほど頑丈で、その名高い繊維は織るとリネン（亜麻布）になります。アマの丸い果実は内部にかわいらしい仕切りのついた蒴果で、小さいぼんぼりのような形をしており、そのなかにある艶やかな茶色の平たい種子からは貴重な油が採れます。アマは現在、ロシアとカナダが主要栽培国ですが、スウェーデンでは少なくとも2,500年前から連綿と栽培されてきました。そこではアマは自然の景観の一部であるとともに文化的景観の一部でもあり、民間伝承ではよく女性の多産と結びつけられています。

人のウエストほどの高さに育つアマは、消化困難な内部の長い繊維が茎の全長に及び、草食動物を阻んでいます。5,000年ほど前のスイスでは、極細に紡がれた亜麻の糸で幅1cmあたり最大60本もの糸が詰まった高密度の生地が織られていました。古代エジプトでは聖職者の服やミイラを包む布にアマが使われ、その品質は現代の織物と比べても引けを取りません。

17世紀初頭までにはヨーロッパの全農業労働者の1/6がアマの生産に携わるようになり、それから20世紀初頭まで、アマは最も重要な植物性繊維としての地位を保ち続けました。濡れても強度が落ちないというこの繊維の特性は、敏捷性とスピードが何より優先された帆走軍艦とティークリッパー〔訳注：商人が茶を運ぶ大型快速帆船〕の時代には不可欠なものでした。帆船はアマのロープで固定した「亜麻布の翼」をはためかせ、7つの海を飛び回ったことでしょう。

現代では、リネンは光沢のある長持ちする布として名高く、輝くようなテーブルクロスや涼し気な夏物の衣類に仕立てられますが、硬くしわになりやすいため常日頃からアイロンがけが必要で、たとえアイロンを当てたとしても、改まった装いよりかは、味のあるおしゃれ着向きです。リネンの光沢はパン職人にも好都合で、パン生地を最終発酵させるときにクーシュ（couche）と呼ばれる小麦粉をはたいたリネンを使うと、パン生地が布に貼りつきません。

アマの種子は亜麻仁と呼ばれ、貴重な亜麻仁油が採れます。空気に触れると酸化して固まるので、画家たちは何世代にもわたりこの油を顔料の溶き油に使ってきました。カンバスが乾くときに漂うほっこりした香りを嗅ぐと、瞬時に画家のアトリエが思い浮かんで愉快ですが、亜麻仁油は驚くほど危険な場合があります。酸化の際に熱が生じ、熱くなればなるほど反応速度が上がるのです。油が

染み込んだしわくちゃの布が熱をもち、自然発火に至ることが知られています。

　1860年代には、酸化させた亜麻仁油に、樹脂や顔料やコルク粉を混ぜて、リノリウムが製造されました。20世紀前半、主婦はキッチンの床の仕上げ材に、安くて楽しい模様があり掃除がしやすいリノリウムを選びました。このリノリウムは（英語圏では「リノ」という名前で）広く知られるようになり、芸術的な作品を大量に生みだしました。リノリウム板は柔らかく彫りやすかったので、表面に図案を彫れば、インクをのせて簡単に「リノカット」版画を刷ることができました。

　アマの英語名であるflax（フラックス）は、「編まれた」、あるいは「皮をむかれた」という意味のチュートン語の言葉に由来し、前者ならアマの利用法、後者ならアマを使えるようにする方法を表していますが、いずれにせよアマは「最も役立つ」という意味をもつラテン語の種小名、usitatissimum に恥じない植物です。ところが古典ギリシャ語の「linon（リノン）」に由来する「Linum（リヌム）」という属名の方は、一見したところ異質な、でも実は植物学的には興味深い関連性のある言葉の語源となっています。リネン（linen）はもちろん、リンシード（linseed、亜麻仁）やリノリウム（linoleum）がそれに由来することは察しがつくでしょうが、あらゆる場所で使われる「ライン（line、線）」という言葉が、2点の最短距離を作るピンとまっすぐに張った亜麻糸に由来することをご存じだった方はいるでしょうか？　また、きめの粗い生地の裏全体になめらかなリネンをつけることは「ライニング（lining、裏打ち）」に、チクチクするウールからデリケートな肌を守るぜいたくなリネンの下着は「ランジェリー（lingerie）」になりました。

エストニア
セイヨウタンポポ
（キク科タンポポ属）
Taraxacum officinale

ひょっとするとタンポポはあまりにも身近すぎて、かえって真価が認められないのかもしれません。タンポポは小さな花がたくさん集まった頭状花〔訳注：頭状花序ともいう。キク科の花など、柄のない小さな花が密生して1つの大きな花のようになっているもの〕で、温暖な広々とした野原や道端に、鮮やかな美しい花を点々と、あるいは絨毯を敷きつめたように咲かせ、庭の単調な緑の芝生にところどころ印象的なポイントを作りだします。本当に広がりやすい植物で、よく雑草と見なされます。一部の地域、特に南欧では昆虫が受粉する昔ながらの方法で繁殖し、花びらに紫外線で見える模様をあらわして昆虫を招き寄せさせします。ところが、セイヨウタンポポはアポミクシス（無融合生殖）と呼ばれる方法により、無性生殖で繁殖力のある種子を作ることもできます〔訳注：日本の在来種のタンポポにはできない〕。面倒な花粉のやり取りをせずに、クローンを作れるのです。

　種子をつけたタンポポの頭状花（綿帽子）は、ゴルフボール大のふんわりとした白い球体で、そのはかなげで繊細な美しさには心惹かれるものがあります。1つの球体の本体には100個以上の種子がかろうじてくっついており、それらを煙突掃除人のブラシそっくりな、ふわふわした「冠毛」のついたパラソルが支えています。種子はこのミニチュアのパラソルの助けを借りてそよ風に乗り、遠くへ飛んでいきますが、その仕組みがわかったのはごく最近のことです。冠毛は落下する際、たばこの煙の輪に似た（もちろん煙はありませんよ）回転する空気の渦（渦輪）を冠毛のすぐ上に水平に生みだします。すると種子はこの小さな渦輪に支えられて、落下の速度が大幅に遅くなるのです。渦輪を生みだすためには、冠毛の数（必ず90〜110本）とそれらの間隔が適正でなければなりません。飛んでいるタンポポの綿毛が落ちないうちにつかまえると願いがかなう、という言い伝えができたのは、この驚異の進化のおかげなのです。

　タンポポの茎と特に根に含まれる粘り気のある白い乳液は、どんな傷口をも塞いで固まり、感染を防ぎます。タンポポとゴムノキの乳液は驚くほどよく似ており、特にカザフスタン原産のロシアタンポポ（*Taraxacum koksaghyz*）からはたくさん採れます。1930年代にロシア人は東欧にタンポポを670km^{2}にわたって植えつけ、ゴムの生産に成功しました。第二次世界大戦後に極東でのゴムの供給が再び安定すると、タンポポのゴムは経済的に見合わなくなりました。しかし近年、熱帯雨林への負荷が増大するなか、欧米では高収量のロシアタンポポの品種改良が熱心に研究され、タンポポゴムのタイヤはすでに市場に出回っています。

19世紀のフランスでは、セイヨウタンポポの長いギザギザの葉のサラダが好まれました。理由の１つはタンポポの葉に穏やかな利尿作用があるからです。そこからフランスでは、タンポポに「pissenlit（おねしょ）」というかわいらしい名がつけられました。今でもフランス人はタンポポを、サラダの野菜や、根から作るコーヒー、花から作る風味の強いジャムに使っています。けれども、タンポポを最も深く心に留めているのはエストニアの人々です。タンポポはエストニアの民間伝承と伝統の一翼を担っており、もちろんタンポポ祭りも存在します。

　子どもたちは球体の綿帽子の複雑な対称性に目を見張ったり、何回息を吹きかければ綿毛をぜんぶ飛ばせるかをただただ大喜びで数えたりして、タンポポを楽しみます。おとなの私たちも、もう一度タンポポをよく見てみれば、それがあか抜けない雑草などではないことに気づくかもしれません。

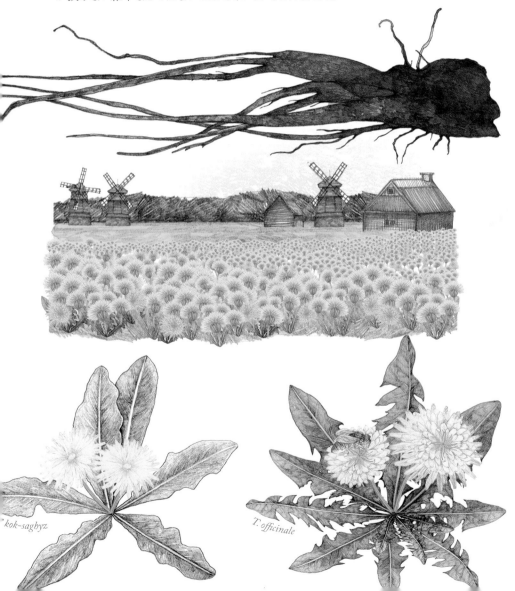

*kok-saghyz

T. officinale

スペイン
サフラン
（アヤメ科クロッカス属）

Crocus sativus

およそ80種を数えるクロッカス属は、いつも太陽を追い求めています。丈は人のくるぶしほどで、モロッコから中国西部に至る地域、特にトルコとバルカン半島で明るい色のしぶきを地面にまき散らしたかのように咲きます。サフランは現在イランが主な産地ですが、スペインは最高級品の産地としての名声を保ち続けています。このスパイスは9世紀にムーア人が持ち込んで以来、スペインで途切れることなく栽培され、実際、サフラン（saffron）という一般名は黄色を意味するアラビア語のzaffaran（ザファラン）に由来しています。花粉を抱えた橙黄色のおしべと、別株から花粉を受け取るために細長く進化した暗紅色の柱頭（めしべの頂部）は、粋な紫色の花びらと鮮やかなコントラストをなしています。この柱頭こそが、サフランとして知られるスパイスになります。でも本当は、そんな大仰な生殖器官は不要なのです。はるか昔、幸運にもサフランは近縁種どうしが交雑してこの世に誕生しましたが、同時に遺伝子異常が生じて不稔になってしまったのですから。生育能力のある種子ができないサフランの生き残りは、農家の手に連綿と委ねられてきました。サフランが厳しい季節をしのぐために栄養分を蓄える地下茎（球茎（きゅうけい））を農家がこつこつと分割し、植えなおしてきたのです。

　紀元前1600年頃のミノア文明のフレスコ画には、サフランの収穫が描かれており、そこでは訓練された猿が摘んでいるように見えます。おそらく人間が寒さのなかで膝をついたりかがんだりしながら長時間を過ごす辛さに画家が配慮して、自分が期待する想像図を描いたのでしょう。実際、サフランは今でも人の手で摘まれています。開花するのは秋の2週間ほどで、最高の風味を得るために、花は開花後数時間以内に1つずつ摘み取られます。大きな花ではなく、柱頭もごく小さな部分であることを考えれば、サフランが世界で最も高価なスパイスとなるのは当然で、1kgを収穫するには15万個もの花が必要です。花から柱頭を指先でつまみ取るのも、収穫と同様にひどく退屈な反復作業ですが、皆でおしゃべりしながら取り組めば、比較的快適な作業にはなるでしょう。

　最後に柱頭を乾燥させます。ゆっくりと加熱しながらサフラン自体の酵素も加わると、サフランがツチカメムシを追い払うために使うピクロクロシンという苦い化学物質が分解されて、サフラナールに変わります。これがサフランに独特の香りを与えます。よく干し草にたとえられますが、そんな表現では物足りません。サフランは長く暑い夏であり、乾いた牧草のなかでのうたた寝であり、そう、優しい雨が温かい干し草にかかったときの湿り気のある香りです。けれども、何かも

っと染み込んでくるような、もっと麝香の香りのような、要するに何かもっとうっとりするような不思議な魅力が潜んでいます。値段を考えるとありがたいことに、サフランは少量でも非常に長持ちします。使うのはほんの少しにしておかないと、たちまち強烈で不快な、金属のような風味にさえなってしまうからです。

　サフランはかつて主に薬として、炎症や喘息、白内障、二日酔いを治したり、流産を引き起こしたりするのに使われました。サフランの熱心な愛好者には、戦傷を癒すと信じていたアレクサンドロス大王や、自分が訪れる前に大広間や劇場にたっぷり撒いておくように命じたローマ帝国の皇帝ネロがいます。

　サフランは欲望を叶えようとするときにも使われてきました。クレオパトラが風呂にサフランを入れたのは、着色や美容のためだけでなく、恋愛をより成功させるためでもありました。『アラビアンナイト』には、サフランで女性を恍惚とさせられると書かれています。媚薬としてのサフランの効果に関する最近の（ラット対象の）研究によれば、人間を対象に調べる価値がありそうな結果が出ていますが、愛の媚薬になると固く信じているものなら何でも、特に高価であればなおさら、おそらく効果はあるのだろうということは覚えておくべきでしょう。

　14世紀のヨーロッパでは、サフランが腺ペストの予防と治療に有用だという評判が立ち、すでに高価だったその価格はさらに高騰して、海賊や詐欺師がサフランの流通に介入するようになりました。行商人が待ち伏せされて襲われたり、地中海やベネチア、ジェノバでは船荷が略奪されたりしました。サフランに混ぜ物をして売る者は後を絶たず、そのような犯罪者は罰金を科せられたり、投獄されたり、ドイツでは死刑にも処せられました。

　1470年代にバチカン図書館の館長プラティナは、組み版で印刷された史上初の料理本を出版しました。そのなかのレシピの１つに、おいしそうなサフランブロス〔訳注：ブロスは肉や野菜の煮だし汁〕が載っており、それは卵黄30個とシナモン、それに子牛肉と未熟なブドウの汁で作られていました。人々の好みは変わり、今ではサフランはブイヤベースやパエリア、上等なアイスクリームなどの贅沢な食べ物で使われていますが、ホットミルクにサフランと蜂蜜を加えれば、どんなに冷え込んだ夜にも金色の輝きと温もりが染みわたることでしょう。

トマト

（ナス科ナス属）

Solanum lycopersicum

トマトは化学的防御で知られるナス科の植物です。ベラドンナやタバコなどの
ナス科の植物の多くには毒があり、私たちが口にするジャガイモ（150ペー
ジ）なども一部の部位には毒があります。トマトの場合は、葉にアルカロイドが
含まれているので、強い芳香は魅力的ですが、食べないほうがよいでしょう。

　黄色く元気なトマトの花は、魔法使いの帽子のような形で、ハチと特別な関
係を築いています。トマトの葯〔訳注：おしべの花粉を作る部分〕は融合して細
い筒状になっており、花粉を放つには揺すられる必要があります。葯は風に揺
すられて先端の狭い隙間から花粉の一部をそよ風に放つとみられますが、とり
わけ振動によく反応し、マルハナバチやクマバチが花にしがみついて飛翔筋を
動かしながら、ぶんぶん羽音を立てるときの振動に共振するよう進化しました
〔訳注：トマトは1つの花のなかにおしべとめしべがあり、基本的には自家受粉する〕。
重要なのは羽ばたきの速度です。マルハナバチは花をつかむと羽ばたきの周波
数を、ピアノでいえば中央のドの音に上げます。それは飛行中の単調な羽ばた
きよりも著しく高い、花粉を振り落とすのにちょうどよい音です。ミツバチはこれを
やりません。単純に、正しい音をだせないのです。この振動受粉のプロセス
は、英語では想像力豊かに「buzz pollination（ぶんぶん受粉）」と名づけられ
ており、現在ほとんどの業務用温室では、捕獲したマルハナバチを使ってこの
方法で受粉しています。

　栽培種のトマトは小ぶりの茂みになりますが、通常はつるが横に這っていくの
で、つるを支柱で支えれば人の背丈を超えて育ちます。私たちが食べるあの赤
い丸いものが野菜か果物なのかは、人によります。トマトの可食部となるのは、
薄い表皮であるクチクラ、中果皮、そして種子を包むどろっとしたゼリー状の部分
（子どもたちが特に嫌いがちな部分）です。植物学的にちょっと知識をひけらか
し気味にいえば、トマトは種子をもつことから果物であり、具体的にはブルーベ
リーやブドウと同じく種子が複数あるので、ベリー（漿果）と定義できます。一
方で、トマトには私たちが果物に期待するような甘さがなく、特に火をとおすと
際立つ旨味があります。初期の料理本は果物と野菜の両方の食べ方を試してい
ます。クリームと砂糖をつけたトマトやトマトワインはいかが？　と。1893年にはな
んと米国の最高裁判所が「トマトは野菜であり、野菜として輸入関税の対象に
すべし」との判決を下しました。これは科学的というよりも財政上の判断だ、と
最高裁は寛大にも認めています〔訳注：当時の米国は国産野菜の保護のため輸入

野菜に関税がかけられていたが、輸入果物は非関税だったため、トマトの輸入業者が「トマトは果物なのだから非課税にすべき」と主張し、最高裁まで争われた〕。

　トマトの起源はやや漠然としています。最も可能性が高いのは、南米北西部の沿岸でつるを縦横に伸ばし、豆サイズのベリーをつけていた野生種が、その地で改良されて小さなミニトマトのようなものを実らせるようになった、という説です。その後、おそらく鳥や海運業者によって広がって中米に達し、そこで栽培されてさらに大きな果実となりました。それらは平べったかったりうねがあったりしましたが、果肉が多く、マヤ人は「膨らんだもの」という意味の「tomatl」と呼ぶ<ruby>トマトゥル</ruby>ようになりました。1519年にメキシコに到着したエルナン・コルテスなどの征服者たちの様子を記した当時の文献を見ると、色や形の異なる多様な品種が何世紀にもわたり栽培されていたことがわかります。

　スペイン語では、そのナワトル語の言葉がそのまま「tomate」になりました。しかしイタリア語では、舶来品は何でも「Moorish」であり、この新しい作物には、栽培が広がるにつれて「ムーリッシュ（ムーア人）の果物」を意味する「pomo di moro」というニックネームがつきました。フランス語では、トマトは愉快にも「pommes d'amour（愛のリンゴ）」となり、それは英語でも同じで、英国では19世紀までlove applesと呼ばれていました（ちなみに現代イタリア語では、トマトは「pomo di moro」を縮めた「pomodoro」です。初期のトマトは黄色いものが多かったのですが、「金のリンゴ」を意味する「pomo-d'oro」が由来ではありません）。

　トマトはしだいにヨーロッパ中に広がりました。16世紀半ばにイタリアの博物学者で医師だったピエトロ・マッティオリは、油で加熱して塩コショウすることを提案しましたが、有毒でありおどろおどろしい超自然的な力をもつとされたマンドレイク（同じくナス科。50ページ参照）の１種だとも考えていました。残念ながら英国人のジョン・ジェラードは、1597年の著書『本草書』で自らの疑念を優先させ、イタリアとスペインでは問題なく食べられていることを知りながら、トマトは有毒で「臭くて非常にまずい」とほのめかしています。この悪評はあまりにも広く繰り返し伝わったため、英国人はそれから200年以上もトマトを避け続けました。英国では19世紀初頭まで、物珍しさと奇妙な美しさのためだけに栽培されたのです。

それとは対照的に、米国ではトマトの錠剤が万能薬として売りだされるなか、トマトの健康ブームが起きました。1830年代には、有名人のお墨つきや新聞の社説の絶賛を得たトマトは、健康的でおいしく、非常にファッショナブルなものと見なされるようになりました。1845年に『プレーリー・ファーマー』誌は、「特に肝臓の乱れにお勧め」などと堂々とあいまいさをにおわせながら、トマトワインさえ推奨しています。

　19世紀末に品種改良や栽培が盛んになって以来、トマトは改良が重ねられて数千種の栽培品種が生まれました。野生の先祖伝来のトマトには、黄白色から暗紫色まであらゆる色合いがあり、大きさもひよこ豆から握りこぶし大まで多岐にわたります。一定でもなく完璧でもないかもしれませんが、祝福すべき多様性と味わいがあるのです。それらは病虫害への抵抗力や耐寒性といった貴重な遺伝資源でもあり、すばらしい味を生みだす可能性も秘めています。量産用のトマトは高収量になり、機械での収穫が可能になり、完璧に対称的な形になり……、そしてたいてい、嘆かわしいほど味気ない、単調な甘さになってしまいました。

　トマトは品種を問わず、つるにつけたまま完熟させると最高の味になりますが、手荒な扱いや長距離輸送に耐えられるように通常は硬く青いうちに摘み取り、後からエチレンガスを使って人工的に追熟します。エチレンガスは植物が成熟ホルモンとして使っている天然の化学物質です（129ページのヌイトシア・フロリブンダ参照）が、この場合は石油製品由来のものを使用します。追熟を引き起こしたり遅らせたりしたいという私たちのニーズから、数多くの実験が行われ、驚くべき発見に結びつきました。振動に反応するのはトマトの花だけではなかったのです。最近の研究によると、収穫したトマトに大きな音（このときは高いドの音を6時間）聞かせると、追熟期間が6日も延びました。なんと振動は、トマトの実が自らを成熟させるエチレンの作り方に影響を与えているようです。

　トマトをヨーロッパに持ち込んだスペインは、トマトを心に深く刻み込みました。パンにガーリックを擦りつけ、スパイシーなグリーンオリーブオイルを振りかけて、刻んだ地元産トマトをあしらったパン・コン・トマテ（pan con tomate）は、信じられないほどおいしい国民的朝食です。トマトの誇りと魅力は、バレンシア近郊のブニョールで1945年から開催されている「ラ・トマティーナ（La Tomatina）」という夏のお祭りで頂点に達します。これはまさしくスペイン的な一大エンターテイメントです。大型トラックが中央広場に熟れすぎた大量のトマトを運び込むと、2つのチーム（といってもおおまかな意味でのそれ）が互いに力強く投げ合うという、腕力を要求されるきわめて肉感的な、全身を真っ赤に染めての乱痴気騒ぎです。これほど圧倒的な量のトマトを目の当たりにすると、スペインによる中米の征服と殺戮を考えずにはいられません。

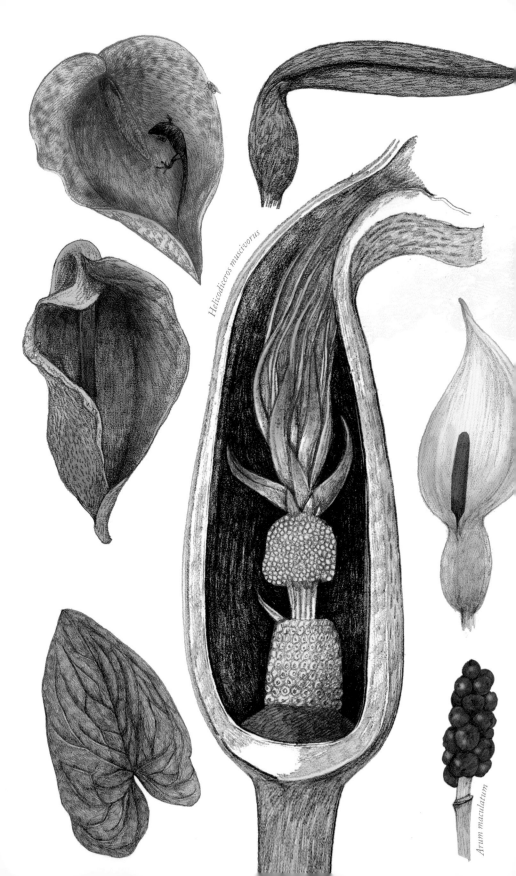

Helicodiceros muscivorus

Arum maculatum

スペイン（およびイギリス、アメリカ、ブラジル）

デッドホースアルム（およびマムシアルム、ディフェンバキア、オオヒトデカズラ）

（サトイモ科ヘリコディケロス属、他）

Helicodiceros muscivorus et al.

サトイモ科の植物はたいてい奇妙で、不快なもの、卑猥な感じのものさえあります。花序を見れば一目瞭然です。中央の1本の肉穂花序〔訳注：穂状花序（130ページ）の1種で、主軸が太くふくらんだもの〕を、仏炎苞と呼ばれる特別に適応した1枚の葉が包む複雑な構造をしているのです。多数の小花に覆われた肉穂花序は、匂いを遠くへ飛ばそうとしてよく発熱します。甘い香りを漂わせる種もありますが、率直にいってすさまじい悪臭を放つ種もあります。

デッドホースアルム（英語名はDead-horse Arum、「死んだ馬のサトイモ科」という意味）は、地中海に浮かぶコルシカ島やサルデーニャ島などの島々で、海岸沿いの花崗岩の割れ目に育つ丈の低い植物です。とりたてて問題もなさそうな緑色の斑入りの仏炎苞が開くと、悪夢のような内部が露わになります。受粉をクロバエに頼っているために、おそらく世界で最も不快な植物となりました。「死んだ馬の」というチャーミングな名前そのままに、この植物は徹底的に――ひょっとするとラフレシア（124ページ）よりも強烈に――死肉になりきっています。その悪臭は圧倒的です。肉っぽいピンク色の表面にニキビの跡がまだらに残ったような仏炎苞は、すでに食卓に着いているハエとともに腐りかけの肉を模倣しています。表面を不気味に覆う毛は、客をメインディッシュへといざないます。動物の尾のように見える温まった肉穂花序の奥には、じめじめした暗いハエの天国があり、なるほど、腐敗していく馬の死体の毛の生えた肛門にそっくりだと納得させられます。そこに立ち止まって産卵するハエもいますが、蛆虫が生まれても食べ物がないため飢えてしまいます。ハエは奥の小部屋まで進み、そこで水平の繊維の輪に捕らわれます。2、3日かけて雌花はハエが持ち込んできた花粉で受精し、雄花はハエを新しい花粉まみれにした後、ようやくハエを罠から解放します。デッドホースアルムはハエをおびき寄せますが、危害を加えてくる可能性のある大型哺乳類は寄せつけません。彼らは私たちと同じように腐肉を避けますから。ところが腹をすかせたリルフォードカナヘビ（小型のトカゲ）は、温かな仏炎苞の上でじっと待ち、アルムがおびき寄せたクロバエを不精にも何匹か失敬します。彼らはそのお返しに、アルムの種子を食べて散布します。

マムシアルム（*Arum maculatum*）は、基本構造はデッドホースアルムと同じですが、はるかに受け入れやすい植物です。北欧でも暖かい地域の森でよく見られ、人のふくらはぎほどの高さに育ちます。その匂いは人間の鼻ではほぼわ

かりません。マムシアルムの英語名Cuckoo-pint<ruby>（クークーパイント）</ruby>は、ある同様のテーマについて100以上ある名前のうちの１つで、「元気いっぱいの」……、ええと……「男の付属物」を意味するアングロサクソン語に由来しており、修道士の頭巾のような緑色の仏炎苞が包んでいるのは、まさしく、直立した温かいあずき色の肉穂花序です。送粉者のユスリカはそれに魅せられ、一夜をともに過ごさざるを得なくなります。夏の終わりには、鳥たちがマムシアルムのがっしりとした軸に実る赤橙色の種子に引き寄せられます。この植物の大部分は私たちには有毒ですが、かつてデンプン質の塊茎は、焼いて粉にしたものが「ポートランド・サゴ」として売られたり、それ以前の19世紀には、イングランド南西部のドーセットで、襟や袖口につける糊やミルクプディングの増粘剤として作られたりしていました。

　多湿の熱帯アメリカ原産のディフェンバキア属（*Dieffenbachia*）は斑入りの葉が印象的で、鉢植えとして人気がありますが、危険な同居人でもあります。毒素と刺激物という防御用武器に加え、加圧された特別な細胞に微細な針のような結晶を備えているのです。動物が茎に噛みつくと、多数の針が飛びだして口のなかの粘膜に刺さり、毒がすばやく広がって、すぐに激しい痛みを引き起こします。恐ろしいことに北米では奴隷制の時代に、ディフェンバキアが処罰と拷問の方法として使われました。喉と舌が腫れて口がきけなくなるので、米国では今でも「dumb cane<ruby>（ダム・ケイン）</ruby>（口のきけない茎）」の名で広く知られています。

　マムシアルムが猫だとすれば、南米の森に育つオオヒトデカズラ（*Philodendron bipinnatifidum*）は虎です。よじれた幹に目玉のような模様を並べ、奔放に葉を茂らせるオオヒトデカズラは、人の背丈を軽く超えて成長します。緑色の仏炎苞が大切そうに包んでいるのはとびきり見事な肉穂花序で、大きさは人の前腕ほどもあり、クリーム色の微小な花で覆いつくされています。なんとこの肉穂花序は、夕暮れになるとおよそ40℃にまで発熱し、周囲温度が5℃ぐらいの寒い環境でも30分間ほどその温度を保ちます。これほど見事に熱を生みだす植物は他にはありません。通常のデンプンや糖ではなく、動物のように脂肪を使ってエネルギーを生みだしているのです。重さが同じであれば、オオヒトデカズラの小さな花たちは、並外れて代謝の速いハチドリと肩を並べます。言い換えれば、涼しい晩にオオヒトデカズラが発熱しているときには、１本の肉穂花序は小型犬ほどのエネルギーをだしているのです。黄昏時、オオヒトデカズラは飛行中のコガネムシにはたまらなく魅力的な、バニラと黒胡椒と少しだけ<ruby>樟脳（しょうのう）</ruby>を含んだ香りをふりまきます。ひとたびオオヒトデカズラの客間に入ってしまえば、見せかけのもてなしを受け、一夜を過ごすしかありません。彼らは暖かい部屋で情熱的に愛し合い、元気が出る分泌物をたらふく食べる一方で、べたつく樹脂を塗りたくられ、花粉を振りかけられて、翌朝送りだされます。サトイモ科の植物は、他者を操ることにかけては実に卓越しているのです。

Dieffenbachia

Philodendron bipinnatifidum

49

マンドレイク

（ナス科マンドラゴラ属）

Mandragora officinarum

まったくの架空の植物だと誤解されますが、マンドレイクは実在しますし、それにまつわる奇怪な迷信の多くには科学的根拠があります。

　乾燥した地中海南岸と中近東が原産のマンドレイクは、猛毒のベラドンナや無害とはほど遠いジャガイモ（150ページ）と同じく、攻撃的なナス科の植物です。マンドレイクは暗色のロメインレタスのような葉を地面に平たく放射状（ロゼット状）に広げ、その中央に釣鐘形のくすんだ薄紫色の魅惑的な花を咲かせます。そして黄緑色から深い黄金色へと熟していく胡桃大の光沢のある丸い果実をごろごろとつけ、つかの間ですが心がかき乱されるような麝香の香りを漂わせます。この特異な香りによってマンドレイクは聖書のなかで媚薬とされ、エロティックな『雅歌』で重要な役割を果たしたり、『創世記』に登場して、子どものいないラケルが夫ヤコブの愛情を取り戻すために、姉の恋なすび（マンドレイク）を欲しがったりします。

　マンドレイクを不用意にむしゃむしゃ食べるのは愚かです。この植物のあらゆる部分、とりわけ根には、トロパンアルカロイドなどの強力な薬効性と毒性をもつ物質群が含まれています。それらが合わさり、マンドレイクは痛みを感じなくさせたり眠気を催させたりしますが、幻覚や譫妄も引き起こし、昏睡や死亡に至らしめる可能性もあります。その催眠効果は古代にはよく知られており、カルタゴの将軍ハンニバルは、撤退する際、マンドレイクの毒を仕込んだ魅惑的なワインを戦闘の武器としてわざと残していきました。若き日のユリウス・カエサルも、ほぼ同じ方法で海賊から逃れました。「麻酔」という言葉が使われた最初の記録は、ギリシャの医者ディオスコリデスが、手術中にマンドレイクのワインを使用したことを書き記した紀元60年のことです。

　根が二股に分かれ、不安を覚えるほど人間に似ていたり（うまいこと少し削って粟粒で目をつけるとなおさら）、狂気、つまり悪霊に取りつかれた状態を引き起こすことができたマンドレイクは、明らかに超自然的な存在でした。古代ギリシャ神話ではマンドレイクには特別な力があるとされ、魔女であり魔法の女神でもあるキルケーが、マンドレイクを使ってオデュッセウスの仲間を誘惑しています。紀元前300年頃には、ギリシャの博物学者テオプラストスが、マンドレイクの根が神秘と性にかかわる強力な治療薬になると書いています。収穫方法はそれに似つかわしく奇怪で、「マンドレイクの周囲に３つの円を剣で描き、踊ったり愛の神秘を唱えたりしながら……顔を西に向けてそれを切断しなさい」と彼は説明

しています。

　4世紀か5世紀に『本草書』を著した偽アプレイウス〔訳注：2世紀のローマの哲学者であり著述家のアプレイウスとは別人のため、「偽アプレイウス」と呼ばれている〕は、マンドレイクは暗闇で光る（マンドレイクの香りがツチボタルを引き寄せたのかもしれません）と怯えたようにしきりに述べており、またマンドレイクが地中から引き抜かれるときになかに宿る悪霊が上げるすさまじい悲鳴を避けるため〔訳注：この悲鳴をまともに聞くと死に至るという迷信がある〕、マンドレイクの茎に犬を紐でつないで引き抜かせるよう勧めています。この迷信は、マンドレイクが麻酔剤として誤用されるようになって、強まった可能性があります。9世紀と10世紀の記録には、マンドレイク、ドクニンジン、アヘンなどの薬草で作られた「眠気を催す海綿」を鼻の下に置いたと書かれていますが、現代の実験によれば、吸入だけで痛みを和らげようとしても効果がないことがわかっていますので、患者の叫び声がマンドレイクと密接に関係するようになったのかもしれません。またマンドレイクはすでに貴重品になっていたため、こうした悪霊がらみの物語は、マンドレイクが絞首刑になった男の漏らす精子から発生したという怪しい迷信とあいまって、盗難の防止にもなってきたのかもしれません。実際にイタリア産のマンドレイクは、欧州全域で薬よりもはるかによい商売になりました。根は厄災を避けるお守りとして相続人に遺贈さえされましたが、悪の手に渡れば悪魔の道具になると考えられていました。フランスでは1431年にジャンヌ・ダルクが異端審問にかけられたとき、彼女が魔女の身の回り品として広く認識されていたマンドレイクの根を持っていた、という主張がなされました。

　14世紀と15世紀には、マンドレイクや他の精神作用のある植物を、油脂と一緒に砕いて作った魔女の膏薬に関する記述が複数見られます。そのような塗り薬は、皮膚、とりわけ粘膜をとおしてマンドレイクの幻覚成分の吸収を速めます。ヒヨスチンという物質は、摂取すると空を飛んでいるような感覚を頻繁に引き起こすことで知られており、それは中世の木版画に裸や半裸の魔女が箒の柄にまたがって飛ぶ姿が、多く描かれている理由をもっともらしく説明しています。今でも魔女といえば、その姿が定着しています。麻酔薬としてのマンドレイクの使用は、19世紀半ばにエーテルとクロロホルムが登場して終わりを迎えましたが、いにしえからのマンドレイクのイメージは今でも生き残っています。1930年代の最初期のコミック誌のスーパーヒーローの1人には「魔術師マンドレイク（Mandrake the Magician）」がいましたし、1960年代には「マンドラックス（Mandrax）」という鎮静剤が、化学的に類似する他の多くの薬剤とともに、乱交と結びつけられるようになりました。そして現在も少なくとも1つの市販の香水が「マンドラゴール（Mandragore）」という名前で、抑えきれない奔放さと魅惑を同時に呼び覚まそうとしています——マンドレイクが数千年来、そうであったように。

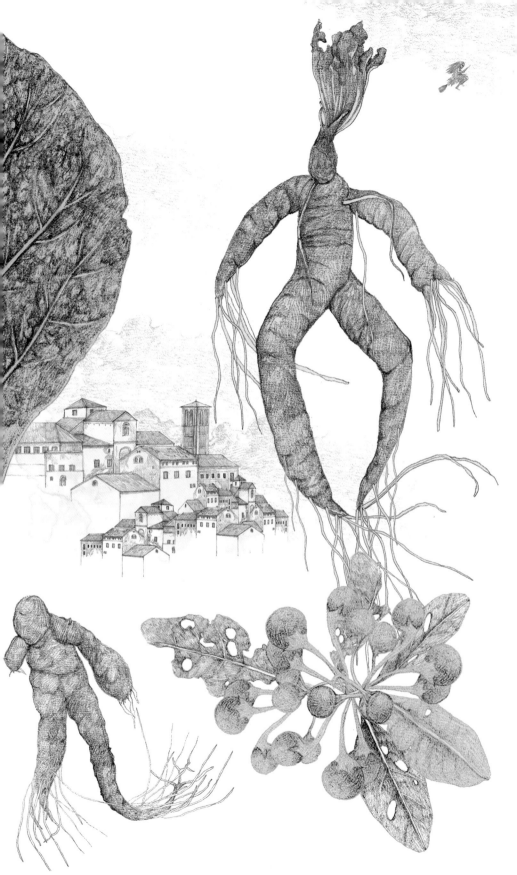

イタリア
トウゴマ
（別名ヒマ、トウダイグサ科トウゴマ属）

Ricinus communis

熱帯全域でよく見られ、低木に育つこともあるトウゴマは、アフリカの角〔訳注：アフリカ北東部のソマリアを中心とする突出部〕を原産地とする植物です。荘園を美しく飾るために異国の珍しい植物を集めていたローマ人が、イタリアに持ち込みました。温帯では丈夫な丈の高い草となり、都市の花壇に植えると見栄えがよくなったり、光沢のある素晴らしく大きな葉の色が、栽培品種の違いによって若草色から濃紫（なす紺）色まで選べたりするため、重宝されます。風で受粉するので、昆虫などの送粉者をおびき寄せる色鮮やかな花びらはありませんが、棘だらけの蒴果は楽しく、好奇心をそそられます。それは熟してサンゴ色や朱色になると、３個のつやつやした種子を弾き飛ばすのです。種子には複雑な模様があり、周囲に溶け込んで齧歯類の目を欺きます。

　トウゴマは本来の生育地では、アリと互いに充足した関係を築いてきました。長さ1cmほどの種子の片端にはエライオソームという小さなこぶがあり、そこには油とタンパク質がたっぷりと含まれています。アリの群れは種子を巣へ運び、幼虫にその滋養に富んだ油の多い部分を与えた後、まだ繁殖力のある種子を近くの「ゴミ山」に投げ捨てます。種子は周到にもじゅうぶんな肥料の上に植えられたことになるので、直ちに利益を得られます。アリによるこのような種子の散布には、「myrmecochory（アリ散布）」という響きのいい名前がついています。

　トウダイグサ科の植物の多くは毒性や苛性のある化学物質をもっており、トウゴマも例外ではありません。トウゴマの種子には世界最強レベルの猛毒をもつリシンが含まれており、わずか1/2,000gが血管に入れば、死に至る可能性があります。1978年にロンドンのウォータールー橋で、ブルガリア人ジャーナリストで反体制活動家のゲオルギー・マルコフは、偽装した傘で虫ピンの頭ほどの大きさのリシンのカプセルを脚に打ち込まれて、殺害されました。

　トウゴマは種子からひまし油がとれるため商業的に栽培されており、主な産地はインド北部です。幸いにも油を抽出する過程でリシンはなくなるので、ひまし油は4,000年にわたり医療で、特に便秘薬として使われてきました。全盛期は19世紀のことで、広告の後押しもあって、子ども思いの親たちが便秘の子どもにスプーン１、２杯のひまし油を愛情込めて飲ませる習慣が広まりました。どろっとしていて、石鹸とワセリンのような、思わずオエッとなる口紅の味がするひまし油は、罰としても使われました。今はすたれてしまったのも無理はありません。

　より最近では、ひまし油はもっと邪悪な使い方をされました。1920〜30年代に

　ムッソリーニ率いるファシスト党の残忍な党員たちが、ひまし油を政敵にむりやり
飲ませたのです。それは屈辱的でときに命取りの拷問の道具となりました。多く
の国では上の世代が行った一生懸命な子育て、という陽気な記憶を呼び覚ま
す植物は、残念ながらイタリアでは強烈で不快な象徴です。イタリアでは「ひま
し油を使う（usare l'olio di ricino）」という表現は、今でも「強要や虐待をす
る」という意味になることがあります。

アーティチョーク
（キク科チョウセンアザミ属）

Cynara cardunculus

アーティチョークは野生には存在しません。古代から茎が食べられてきた大型のアザミの仲間であるカルドンから、おそらく中世に品種改良されました。アーティチョークという不思議な名前は、この植物をヨーロッパに持ち込んだ商人たちが話していたアラビア語に由来します。一方、学名は、些細な罪を犯した罰でゼウスによってこの野菜に変えられた、ギリシャ神話に登場する美女キナラ（Cynara）に由来するとよくいわれますが、それは間違いで、このようなギリシャ神話はありません。

1948年にカリフォルニア州のカストロヴィルという町は、マリリン・モンローの名で知られるようになったばかりの新進女優、ノーマ・ジーン・モーテンソンを、州初の「名誉アーティチョーク女王」に任命しました。彼女は栽培農家と面会したり、主にたすき姿で写真に納まったりしました。この町は積極的にマーケティングを展開し、今ではアーティチョーク・フェスティバルを開催し、（なんとびっくり）世界最大のコンクリート製アーティチョークまで設置しています。収穫量は米国全体でもイタリアの1/8しかないのに、この小さな町は現代の神話を創出し、「世界のアーティチョークの中心地」を名乗っています。

アーティチョークは頑丈な茎と、深い切れ込みが入った青緑色の葉をもつたくましい植物で、人の背丈ほどに成長します。頭状花のつぼみは、花芽を保護するために特別に適応した革質の苞と呼ばれる葉に覆われており、そのままにしておけば握りこぶし大の青紫色の見事な花を、甘い香りを漂わせながら長く咲かせます。近づいて見てみると、頭状花はそれぞれが輝く数百もの小さな花の集まりであることがわかるでしょう。

開花した花をまるごと水に浸して抽出した酵素を使うと、温かいミルクを凝固させることができます。この方法で作られたスペインとイタリアの伝統的なチーズは、バターのような柔らかな食感と好ましいかすかな苦味があり、子牛の胃から得られる一般的な凝乳酵素のレンネットを避けたい人々には特に好まれます。

ほとんどのアーティチョークは、頭状花が開く前に食べられてしまいます。中心部を直火でオレンジ少々と一緒に焼いて食べるのが最高ですが、まるごと蒸して溶かしバターをたっぷり添えれば、バターに浸った苞を皆でわいわい手を汚しながら食べるご馳走になります。最後に、包み隠されていた柔らかな中心部にたどり着くと、世界ははいっそう優しく感じられます。アーティチョーク特有の化学作用によって舌が混乱し、食後にはふつうの水さえ甘く感じられるのです。

ギリシャ
ギンバイカ
（フトモモ科ギンバイカ属）

Myrtus communis

ギンバイカは光沢のある革質の葉をもつ灌木で、マキと呼ばれる夏は暑く乾燥し、冬は雨が多い地中海沿岸の常緑の雑木林を象徴する植物です。甘い芳香を放つ華やかな白い花は、淡色の長いおしべを爆発させたかのように放射状に広げ、その先端にある黄色い花粉をきらめかせて、マルハナバチを引きよせます。ギンバイカの濃い藍色のベリーは、ローズマリーやビャクシン、マツの香りがし、この地域の酒や料理の香りづけに使われます。また、コマドリやズグロムシクイ、ウグイスたちの大好物でもあります。ベリーに含まれる種子は、鳥の消化器官で優しく擦りむかれ、少しばかりの肥料とともに地面に落とされると、特によく発芽して成長します。

ギリシャ神話では、馬の運動に出かけたヒッポリュトスの帰りを待ちくたびれたパイドラが、ギンバイカの根元に座り、ヘアピンで葉に穴をあけて時間を潰しました。実際、ギンバイカの葉を光にかざすと、葉の表面全体にピンで刺したような小さな点があり、ちらちらと瞬きます。それらは油腺で、刺激性の化合物をそこで作って蓄え、草食動物に食べられないようにしているのです。他にも動物除けとして葉に目立つ赤い点があり、硬く鋭く痛そうに見えますが、そう見えるだけです。ギンバイカはフトモモ科に属する唯一のヨーロッパ種で、この科はベイラム、ティーツリー、オールスパイスなど、葉の香りが強いことで有名です。ギンバイカを指の間で転がすと、すぐさま（同じフトモモ科の）ユーカリを思わせる非常に強い芳香を放ちますが、もっと鮮明で、もっと複雑で、油絵具とカンバスのきつい香りを想起させます。

ギリシャ人とローマ人は、常緑樹のギンバイカを不死や多産、永遠の愛と結びつけました。そのためギリシャ神話のアフロディーテ（ローマ神話ではヴィーナス）に捧げられたり、婚礼の花飾りや勝利の花冠に用いられたりしました。約4,000年前にシュメール人が粘土板に刻み込んだ『ギルガメシュ叙事詩』から、ギンバイカが当時、メソポタミアで生贄の儀式に使われたことがわかっています。ギンバイカは数千年にわたり、キリスト教、イスラム教、ユダヤ教、ゾロアスター教など、地中海東岸と中東のほぼすべての宗教的伝統文化に取り込まれてきました。これはひょっとすると単なる偶然などではないのかもしれません。これらの文化が共通のルーツをもち、互いに影響し合ってきたことを思わせます。この地域の人々には、彼らがおそらく思っている以上に共通点があるのです。

トルコ
スペインカンゾウ
（別名リコリス、マメ科カンゾウ属）
Glycyrrhiza glabra

ス　ペインカンゾウは元気よく生い茂る灌木で、原産地のユーラシア大陸と地中海東岸に自生し、その地域で広く栽培されています。指の爪ほどの大きさの藤色と白色の花が円錐形に集まって咲き、花の後にはまるで茶色い瓶洗いブラシのような、毛を逆立てた莢（さや）の房ができます。莢がまばらになり、驚くほど柔らかな毛がなくなれば、この植物がマメ科であることがより明確になります。スペインカンゾウの淡い灰褐色の根と長い地下茎は、内部が黄色くなっており、そこにアニスの味がするアネトールと、砂糖の50～100倍の甘味をもつグリチルリチンという成分が含まれています。グリチルリチンは口に含むと砂糖よりも甘味がゆっくりと現れ、はるかに長く残ります。

　スペインカンゾウは、メソポタミア、中国、エジプト、インド、ギリシャ、ローマなど、古代のあらゆる医療情報に登場します。昔から咳や風邪の治療や、喘息や消化不良の緩和に、また穏やかな下剤としても使われてきました。スペインカンゾウは、古代ギリシャでは「glykys（甘い）」と「rhiza（根）」をあわせて「glykyrrhiza」、古代ローマでは同じ意味でradix dulcisと呼ばれました。14世紀までにヨーロッパでよく植えられるようになり、当時貴重だった甘い味やよい香りの同義語となりました。その頃ジェフリー・チョーサーは著書『カンタベリー物語』のなかで、登場人物の学生について「彼自身も甘草の根のように甘い香りを放っていた」とか、求愛にいく支度をする別の登場人物について「だがまず彼は、口の匂いをよくするために、カルダモンと甘草を噛んだ」と書いています。

　チョーサーが見慣れていたスペインカンゾウの根は今も健康食品店で手に入りますが、現在ではほとんどがエキスを抽出して使います。乾燥した根を潰して煮ると、見事に変色してインクのようなものになるので、それを濾し、再び煮てエキスを抽出するのです。エキスはたばこやチューインガム、口臭予防商品、スタウト（黒ビールの1種）やルートビアなどの飲み物に使われています。また砂糖、水、ゼラチン、小麦粉とともによくかき混ぜると、真っ黒で成型可能な魅力的なペーストになります。これを固めると、甘くて黒いリコリス菓子のできあがりです。

　中東から帰還した十字軍とともに英国に持ち込まれたスペインカンゾウは、イングランド北部のポンテフラクトにあるクリニュー修道院で修道士らによって植えられました。栽培量が増え、輸入も相当に増えていくと、この町はスペインカンゾウの主要な拠点となりました。第二次世界大戦で海外からの供給が途絶える直前には、ポンテフラクトでは競合する10社あまりで9,000人が働き、週に400ト

ンの菓子を製造していました。現在の生産量はそれよりはるかに少ないですが、今でも2社が英国人には懐かしさで人気の「リコリス・オールソーツ」（リコリスとカラフルなペーストを層状に重ねたキャンディの詰め合わせ）と、「ポンテフラクト・ケーキ」（濃密で舌が黒くなる楽しいコイン型のリコリス菓子）を製造しています。リコリス菓子はとりわけ北欧で人気が高く、たいてい塩化アンモニウムという強烈で異様にしょっぱい化学物質が含まれています。子どもには不適と表示されているこの「塩味の」リコリス菓子は、ぞっとする気持ちとわくわくする気持ちが同時に味わえる、ノルディック・ノワール〔訳注：北欧を舞台にした犯罪小説の1ジャンルのことで、文字通りの意味は「北欧の黒」〕の傑作なのです。

　私たちはスペインカンゾウと、甘さ、あるいは少なくとも満足感とを、強く結びつけているので、有害だとは信じがたいのですが、グリチルリチンは無害などではありません。外用ならば火傷に有効ですが、1日につきわずかひと握りの黒いリコリス菓子を2週間食べ続けると、体内のホルモン系の一部を攪乱して、高血圧や心臓不整脈、筋力低下を引き起こす恐れがあるのです。長期間、リコリス菓子を大量に食べ続けたことで、痙攣発作や一時的な失明も生じています。医学界の統一見解によれば、1日に食べる量を卵1個分の重さ以下に抑え、毎日食べてはいけません。体から排出するのに時間がかかるからです。フィンランドでは妊娠中は一切口にしないよう忠告されます。この風変わりな砂糖菓子は、妊娠中の女性には問題になりそうにないものの、習慣的な摂取は早産のリスクを高め、また胎盤を通じて母から子へストレスホルモンを移行させて胎児の脳の発達に悪影響を及ぼし、誕生後の行動障害につながると考えられています。

　チョーサーから6世紀後、ジェリー・ガルシアは自らのバンド、グレイトフル・デッドについてこう語りました。「俺たちはリコリス菓子みたいなもの。みんなが好きなわけじゃないが、好きなやつは、マジで好きなのさ」。まったくそのとおり。好きな人が大事にすればよいのです。

シトロン
（ミカン科ミカン属）
Citrus medica

小ぶりで棘をもつ常緑樹のシトロンは中国原産で、紀元前600年頃に西洋へ伝わりました。マンダリンオレンジやブンタンと同じくミカン属の最も原始的な種の１つであり、オレンジやグレープフルーツなどはそれらから生まれて、脈々と栽培されてきました。レモンの栽培がヨーロッパで広がったのは、ようやく15世紀半ばになってからのことでした。

シトロンは大きめのレモンくらいのものからラグビーボール大まで、さまざまな大きさがあります。熟すと黄緑色から山吹色になり、まさに大きくなりすぎたレモンといった風情になります。香りもレモンに似ており、素手で扱うと長く手に残るほど強烈ですが、切ってみればレモンとの違いは明らかです。シトロンの皮はでこぼこして硬く、白いわた（中果皮）は強烈な苦味はないものの、かなりの厚みがあります。そのなかにある、ほんのり緑色を帯びた黄色い果肉は果実全体の1/5ほどしかなく、小さな種子だらけで、不思議なほど酸味がありません。

紀元前300年頃にギリシャの哲学者テオプラストスは、シトロンには口臭除去と衣類の虫除けの効果があると書いています。そして「メディア（Media）の林檎」（「ペルシアの林檎」という意味。当時この地域はメディアと呼ばれていました）と呼び、それがシトロンの学名*Citrus medica*の由来になりました。医療（medicine）とは特に関係ありません。

シトロンはユダヤ教徒が宗教的伝統に取り込んだことから、2,000年以上前に地中海沿岸地域で急速に広がり、今でもモロッコやフランス、イタリアで育てられています。またイスラエルでは、この果実はエトログ（etrog）と呼ばれて広く栽培され、仮庵の祭りという楽しい収穫期の祝祭に、ヤシ、ギンバイカ、ヤナギとともに用いられます。この祭りにふさわしい、左右対称で無傷な果実を買うこと自体が社会のしきたりとなり、祭りが終わるとエトログはジャムやポマンダー〔訳注：魔除けやお守りのための匂い玉〕、ウオッカの香りづけに使われます。他にもシトロンを儀式に取り入れている文化があります。たくさんの指が集まったような奇妙な形状の「ブッシュカン（仏手柑）」はシトロンの栽培品種で、東南アジアでは仏教徒の供物や、新年の香りのよい贈り物として使われています。

シトロンは最近になって復活しました。レモネードに使うと、酸味とのバランスを取るために加える砂糖の量を減らせそうだ、と研究されています。またすりおろした外皮はハーブティに加えられたり、甘く煮たピールはイタリアのパネットーネなどに使われたり、誇らしげにチョコレートでコーティングされたりしています。

カミガヤツリ

（別名パピルス、カヤツリグサ科カヤツリグサ属）

Cyperus papyrus

力ミガヤツリは浅い淡水の水辺に生える優雅な植物で、草丈が5mもの高さに達することもあります。すらりとした茎の先端からは、多数の細い艶やかな緑色の花軸が、丸く放射状に広がります。見上げるような高さで密生するため、カミガヤツリの湿地は大聖堂のような静寂に包まれており、木を思わせる爽やかな芳香がほのかに漂います。この植物は根茎（肥大した地下茎）から繁殖しますが、エチオピアではその根茎が教会のお香の材料にもなっています。

　カミガヤツリが最も広範囲に見られるのはアフリカの中部と東部で、南スーダンにある大湿地帯スッド（sudd）では、この植物特有のふわふわした薄緑色の絨毯が地平線まで広がっています。現在のエジプトでは野生のカミガヤツリはめったに見られませんが、かつてはナイル川とその後背湿地沿いの6,500km²の土地を覆っており、古代エジプト文明にとって欠かせない植物でした。カミガヤツリの湿地は魚や猟鳥がたやすく調達できる天然の食料貯蔵庫ですが、この植物自体も一部が調理して食べられていました。茎の皮から採れる繊維は、乾燥させてロープやかご、網、船の帆さえ作っていました。茎の内部の空洞を包む柔らかな白い髄は葦船づくりに最適で、ナイル川とその支流沿いの大規模輸送や交易を可能にしました。またカミガヤツリは、浅浮き彫りや墓の絵画のモチーフとしていたるところに描かれました。サッカラやルクソールにある壮大な神殿の柱の多くは、カミガヤツリの束を模して石を彫りだしたものです。

　カミガヤツリは紙を作るのにも使われました。髄を薄く削いで水に漬けたものを縦横に並べて置き、槌で叩いて密着させ、水分を搾りだして乾かし、粉末状の粘土で磨いてパピルス紙を作ったのです。砂漠の乾燥した空気のなかで、その紙は驚くほど良好な状態を保っています。たとえば紀元前1500年頃のエーベルス・パピルスは、薬草と医療の知識が書かれた110ページ、20mに及ぶ巻物で、古代エジプトの暮らしを今の私たちに鮮明に伝えています。実際、カミガヤツリは紀元900年頃までこの地域で唯一の紙の原料であり、その紙は古代ギリシャの作家やローマ帝国の官僚に常用されていました。そして今でも、書き言葉にまつわる言語のなかで生き続けています。カミガヤツリの髄はギリシャ語で「biblos」といい、これは「bibliography（文献目録）」や「bible（聖書）」の語源となっています。「Papyrus」という言葉自体も、もとはこの植物の食用部分を意味するギリシャ語で、そこから「paper（紙）」という言葉が生まれました。カミガヤツリの湿原が、かつて聖なるアフリカクロトキのすみかであったとは、な

んとふさわしいことでしょうか。この鳥は生命をもたらすナイル川の水の使者であり、知恵の神であり、書記の守護者でもあるトト神の化身だったのですから。

　紀元１世紀に大プリニウスは、パピルス紙を「不滅を約束するもの」と表現しました。おそらく彼は、文明が書き言葉に依存することを述べたのでしょう。でもひょっとすると、もっと文字どおりの意味だったのかもしれません。古代エジプトでは人は死ぬと、その魂はカミガヤツリの舟で死後の楽園アアル（葦の原野）へと送られたからです——アアルまでの地図と道筋が描かれた『死者の書』というパピルス紙の巻物とともに。

66

イエメン
ミルラ
（カンラン科コンミフォラ属）

Commiphora myrrha

節くれ立ち、いじけたようなミルラの木は、アラビア半島やアフリカの角（つの）に広がる岩がちな砂漠にうまく適応しています。ロウ質の小さな葉をまばらに生やして水分の損失を抑え、鋭い棘（とげ）で草食動物から身を守っています。薄く剝落した樹皮の下には特殊な管があり、そこにまた別の防御手段を保持しています。それはべたべたした半透明の黄色っぽいゴム（ガム）の混合物で、樹脂と油の匂いがします（ちなみにゴムは水に溶けますが、樹脂は水に溶けません）。ミルラは樹皮を傷つけられるとこの混合物を滲出させ、シロアリなどの昆虫を追い払ったり、包み込んだり、少なくともその口器を塞いだりするのです。またそれは、細菌やカビを殺したり、傷を塞いで感染を防いだり、空気中で凝固して埃っぽい赤褐色の塊に変化したりもします。樹皮に切り込みを入れて採集し、硬化させた塊が貴重なミルラ（没薬＝もつやく）で、今でも売買されています〔聖書に登場するミルラは、エチオピアとソマリアを原産地とする、ミルラとは別の近縁種コンミフォラ・グイドッティ（*Commiphora guidottii*）だと考えられています〕。

　5,000年前、ラクダの隊商がエジプトにもたらした聖書のミルラは、その地で遺体の防腐処置に使われました。『旧約聖書』ではミルラをお香として使っていたことや、その催淫性や芳香性について言及しています。『箴言（しんげん）』ではミルラは売春婦の香りですが、『雅歌』では（『雅歌』のすべての節がそうであるように）恋人たちのためのものです。キリスト教の伝承では、ミルラは幼子イエスにふさわしい高価な贈り物として、乳香と黄金とともに、東方の三博士から捧げられました。今でもミルラは香水や礼拝で使うお香や、安心感のある渋いうがい薬として使われています。実際、ミルラ（myrrh）とは、セム系の言語で「苦い」という意味です。

　ミルラの長い歴史からは伝説も生まれました。ギリシャ神話では、ミュラ（Myrrha）が実の父親と近親相姦し（なんと初歩的な過ちか）、事態の進展からミュラを守るために、神々が彼女を木に変えました。木になったミュラはアドニスを生み、ミュラが流した涙は香りのよい樹液のミルラとなりました。

　1805年のトラファルガーの海戦後、ホレーショ・ネルソン中将の遺体は腐敗防止のためミルラ入りのブランデーの樽に納められて、英国へと戻りました。そこまでは事実ですが、その続きとして、乗組員たちは自らの英雄を偲んでその樽の酒を飲んだと伝わっています。それが本当なら、少なくとも彼らは爽やかな息で帰還したことでしょう。

ギニア共和国

ギニアアブラヤシ
（ヤシ科アブラヤシ属）

Elaeis guineensis

威厳と乱雑さを兼ね備えたギニアアブラヤシが、人目を惹く1本の幹から長い羽根のような葉を伸ばし、天蓋を作る姿は、自生地である赤道直下の西アフリカの低湿地でよく見られる光景です。小ぶりなプラムほどの大きさの、炎のような橙色と濃い赤紫色の果実は、デーツ（ナツメヤシの実）のように一度に数百個がずっしりとした大きな房になって実ります。おいしそうに見えますが、果肉は繊維質であまりに硬く油っぽいため、食用には適しません。果肉のなかには、ナツメグ大の硬く油分の多い種子が入っています。

　小さな村々では、人々が棒の先につけた鎌でギニアアブラヤシの果房を刈り取り、そのまま数日間放置して汁を染みださせるか、お湯で茹でて、果肉をどろどろにします。そして浮いてきた大量の油をすくい取ります。室温でほぼ固まるこの油は、重要なカロリー源であるともに、体内でビタミンAに変わるベータカロテンの供給源となっており、油はこのベータカロテンによって真っ赤なトマト色をしています。この赤いパーム油の強く燻したような、バターのような、ニンジンのような風味は、まさに西アフリカ料理の真髄です。炒めたり、揚げたりするのにはもちろん、さまざまなスープや、ソウルフードのパームオイルチョップ——最初にたっぷりの赤い油で肉をジュージュー焼いてから作る、チキンとビーフのシチュー——の風味づけにも使われます。

　西アフリカの村から遠く離れたインドネシアとマレーシアには、世界最大級のプランテーションが広がっており、両国合わせて、世界の年間総生産量7,500万トンの約85%にのぼるパーム油が生産されています。果肉と種子から採れる油は色や匂いを取り除かれ、精製されて、風味がなく安価だけれども、とてつもなく用途の広い商品となります。マーガリン、パン、クッキー、即席めん、ポテトチップス、アイスクリーム、デコレーションケーキ、石鹸、キャンドル、動物の飼料に使われる他、プラスチックや潤滑油、化粧品といった化学製品の原料や、シャンプーや合成洗剤の起泡剤にもなります。スーパーに並ぶすべての包装商品のおそらく半分が、何らかの形でパーム油を使って作られているのです。

　しかし、このような恩恵には代償が伴います。かつては生物多様性のホットスポットであり、絶滅の危機に瀕した多くの動植物の生息地だった、アフリカ、南米、とりわけ東南アジアの熱帯林の広大な地域は、ギニアアブラヤシのために破壊され、それと同時に気候変動を悪化させています。とはいえ、輸出国はもちろんお金を稼ぎたいわけで、まあいずれにせよ、ギニアアブラヤシの収益は

けた外れなので、他の作物に置き換えたところでさらに多くの土地が必要となるだけでしょう。解決策はさらなる森林破壊を防ぐことや、特別指定区域を保護すること、また世界的な取り組みとしては、バイオ燃料など食品以外のギニアアブラヤシの利用の急増に歯止めをかけることです。

　ギニアの小さな自作農地の話に戻りましょう。ギニアアブラヤシにはもうひとつ別の贈り物、パームワイン（ヤシ酒）があります。高所を恐れぬ人がこの木によじ登り、てっぺんに咲く花を刈り取ると、澄んだ甘い汁が出てくるので、それを大きな瓶や瓢箪に流し入れます。汁はすぐに発酵し始め、２〜３時間もすると天然の酵母と細菌の働きにより、ミディアムボディビールほどのアルコール度数をもつ発泡性の爽やかな乳白色の液体になります。すっぱい酵母の香りと柑橘系のフルーティーな味わいをもつ魅力的な飲み物で、ほのかにナッツやポップコーンの風味も感じます。道端の露店でポリタンクに入れて売られているパームワインは、喉の渇きをいやす人気のドリンクであり、あらゆる通過儀礼に欠かせない必需品でもあります。賞味期限が１日しかないことから、これはまぎれもなく地場の醸造酒であり、それゆえにいっそう愛されています。

　1940年代後半、船乗りたちがビールの代わりにパームワインを楽しんだ港湾都市のバーから、甘美で穏やかな音楽ジャンルが生まれました。地元の歌やリズムが、リベリアの水夫たちの曲やトリニダード島発祥のカリプソと結びついたもので、ギターが伴奏します。ギターはもともとポルトガルの水夫がこの地にもたらしました。民衆の知恵を取り込み、日々の暮らしや愛をおもしろがる歌詞をのせて歌うそれは、パームワイン・ミュージックとして知られ、ジュジュとハイライフの様式的起源となりました。村人たちが力を合わせて行う果房と樹液の採集とパームワイン・ミュージックの調和のとれた融合的なサウンドは、厳格に管理され、産業規模で生産されるギニアアブラヤシの単一栽培とは、まるで別世界です。

コートジボワール

カカオ
（アオイ科カカオ属）

Theobroma cacao

チョコレートを世界にたっぷり授けてくれるこの植物は、栽培されているものはずんぐりしていますが、野生のものはすらりと丈が高く、優雅で、アマゾン川上流域に自生しています。カカオは日陰が大好きで、熱帯雨林の湿潤な下層植生によく適応しています。濃色の常緑の葉には焼けつく直射日光は強すぎるでしょうし、葉は尖った先端から雨水を流れやすくして、感染症を防いでいます。

　カカオは意外な楽しい花を咲かせます。先端が5つに尖った、指ぬき大の深紅色と淡黄色の花が一群となり、幹や古い枝から直に生えだすのです。花がたくさん咲くのは悪いことではありません。1,000輪咲いても、片手で数えられるほどしか果実（カカオポッド）にならないからです。受粉にはヌカカというごく小さな虫が何度も飛来する必要があり、たとえそうやってうまく受粉できても、一部の果実は未熟なうちに自然としなびてしまいます。ずっしり重たい果実によって木に負担がかかり過ぎないように、自ら調節しているのです。生き残った果実は、頑丈な柄で幹に直接くっついています。幹生と呼ばれるこの見事な習性は、ドリアンやカカオなどの熱帯の木が、重い果実を実らせたり、大型動物を利用して種子を散布したりするのに役立っているのかもしれません。半年ほどたつと成熟してラグビーボール半分ほどの大きさの立派なカカオポッドになります。外皮はごつごつした革質で、黄色や明橙色、濃紫色にもなるその果実には、およそ40個のピンク色がかった大きな種子──カカオ「豆」──が、栄養分に富んだ甘酸っぱい果肉に埋もれて入っています。果肉がそのように進化したのは、猿やアグーチ（面食らうほど大きな齧歯類）を惹きつけるためだと考えられています。これらの動物は種子に含まれる苦くて不快なカフェインやテオブロミンが口内で広がらないよう、種子をまる飲みしているようですが、それらの物質こそがまさに、私たちがさらなる刺激を求めて価値をみいだしているものです。

　今では世界のカカオの40%以上は、西アフリカのコートジボワール産です。カカオポッドの収穫後、カカオ豆を数日間そのまま発酵させると、天然の酵母と細菌がかける生化学の魔法によって豊かな風味が生まれます。この発酵させた豆を焙煎し、摩砕してカカオマスとココアバターを作り、砂糖などを加えると、板チョコができます。チョコレートの官能的な口当たりは、体温に近い温度で融けるカカオの脂肪分のおかげです。舌の肥えた人のなかには、上質なチョコレートを食べると口のなかがひんやりして心地よいという人がいますが、それは脂肪分が固体から液体に変化するときに、熱エネルギーを吸収するからです。

板チョコは19世紀に誕生しましたが、カカオ豆の飲料はエクアドル南東部で5,300年前の残留物が発掘されており、また紀元前400年までには、現在のメキシコとグアテマラにいたオルメカ族がカカオ農園を作っていました。カカオはアステカ帝国にとって貴重品でした。袋入りのカカオ豆が通貨として使われたり、すり潰したカカオ豆に熱湯とトウモロコシとバニラと唐辛子を加えて泡立て、元気が出る飲み物を作ったりしました。「xocolatl（苦い水）」と呼ばれたそれは、アナトー〔訳注：熱帯アメリカ原産のベニノキの種子から抽出される色素〕で赤く着色され、生命力を象徴するものでしたが、スペイン人は、アステカの君主モクテスマが黄金のゴブレットからすすり飲む姿を見るまで、その重要性が理解できませんでした。「チョコレート」はスペイン経由でヨーロッパに持ち込まれ、アステカ帝国が滅亡すると、カカオの木はカリブ海地域に植えられました。

　飲むチョコレートは、ヨーロッパでは人々の味覚に合うように牛乳と砂糖が加えられました。それはたちまち富裕層に広まり、栄養が摂れて気分が高揚し、興奮する飲み物だと考えられるようになりました。1659年に英国の詩人ロバート・ラヴェルは『パンボタノロジア』に「チョコレットという甘い珍味は、そのままでも、ミルクで刺激を和らげても、情欲、妊娠、出産を引き起こす」と書いています。放蕩との結びつきには説得力がありました。1700年に英国の作家ジョン・ゲイルハードは「名誉や徳のある人が頻繁に訪れているというのに、不道徳で怠惰で堕落した会話や罪深い行為がなされている社交場だと見なされている」「個室つきのチョコレートハウス」に激怒しています。意図せずになされたそのような宣伝のおかげで、チョコレートハウスはロンドンの最もおしゃれな地域で急増しました。それらはジェントルメンズ・クラブ〔訳注：男性中心の高級会員制クラブ〕の先駆けであり、その多くは今でも何らかの形で存在しています。もちろんチョコレートは、大人のご褒美であり続けています。苦くて、濃厚で、ビロードのように滑らかで暗く、刺激的なそれは、おいしくて後ろめたい喜びなのです。

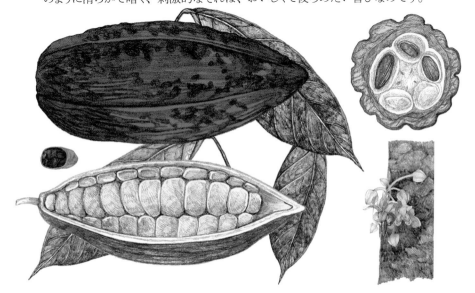

イボガ

（キョウチクトウ科サンユウカ属）

Tabernanthe iboga

コンゴ盆地の森林の下層で育つイボガは、控えめで華奢な灌木で、地元の精神的伝統と密接に結びついた聖なる植物です。ピンク色の筋が入った白い花びらが、奇妙にもくるりと外側に反り返ったラッパ形の花が咲き終わると、表面がすべすべした橙色の細長い楕円形の果実ができます。イボガの小枝を折ると、臭くて白い乳液が滲み出てきますが、これは矢毒に用いられます。

イボガの幹と根、とりわけ根の皮には、イボガインなどの向精神作用のある物質が含まれています。イボガの強烈な苦みを隠すために、すり潰して蜂蜜と混ぜ合わせたものを、媚薬として少量摂取したり、また狩人たちはカフェインにまさる精神刺激剤として使用します。すると彼らは何時間もぶっとおしで意識を覚醒させたまま、じっと動かずにいられるのです。

ブウィティという成人儀礼では、イボガが大量に使われます。これは西アフリカのアニミズムと祖先崇拝という古来の伝統が、のちのキリスト教の影響と結びついた文化です。謙虚さ、忍耐、勇気を育むことを目的としたその儀式は1年に及ぶこともあり、最大の山場では、若者たちがすりおろしたイボガの根を食べます。共同体の人々が白い灰を顔に塗りつけて火明かりのそばで踊るあいだ、新成人たちは自分がまったく存在していないという感覚を伴う、不安と吐き気を催すほど不気味な局面を経験します。その後には、幻覚のような際立って鮮明な夢が現れ、しばしば幼少時からの記憶がよみがえります。イボガを使った数日間続くこの通過儀礼は、新成人を自らの祖先と結びつけ、自分の将来の姿を明らかにするものだといわれています。

アフリカの宗教儀式と関連し、不快でおそらく危険な副作用をもつ幻覚剤のイボガインが、多くの国で違法なのは驚くにはあたりません。ところが、他者に対するびっくりするほど前向きな利用法が見つかりつつあります。薬物中毒者の再出発に役立つというのです。イボガインがヘロインやオピオイド（モルヒネやフェンタニルなど）を欲する脳の受容体を邪魔することで、それらの薬物を求める量を減らせるのだそうです。初期の研究は有望で、中毒者はカウンセリングのプログラムを併用しながらイボガインをわずか1回摂取するだけで、依存から抜けだす可能性を劇的に高められることが示唆されています。

アンゴラ

ウェルウィッチア

（別名サバクオモト、キソウテンガイ、ウェルウィッチア科ウェルウィッチア属）

Welwitschia mirabilis

　SFに登場するぺちゃんこに押しつぶされた虫のような、もっと俗っぽくいえば、絡み合ったゴミ屑のようなウェルウィッチアは、ナミビアの中部からアンゴラ南部に至るナミブ砂漠の乾燥した砂礫の土地に点々と生え、繁茂さえしています。オーストリアの植物学者フリードリヒ・ヴェルヴィッチュは、1859年にアンゴラでこの植物に遭遇したとき、「触れば幻だとわかってしまうと半ば怯えながら」、我を忘れてそれを見つめました。実際これは奇妙な植物です。すぐそばで見ても、どこで何が成長しているのかよくわかりません。植物体の中央には木質の凹んだ茎の頂部があり、表面は堅く黒ずんでいます。直径は最大1mで、高さは人の膝ほどにすぎません。その凹みの縁沿いの溝から、幅の広い革質の1対2枚の葉だけが外に向かって真横に伸びていくのです。葉は裂けて複数のリボン状になり、伸びるにつれてねじれていくので、実際よりもたくさんあるように見えます。これらの葉は他のどんな植物よりも長生きです。その1対の葉が毎年平均20cmずつ、1,000年を超えることもあるその植物体の生涯にわたって延々と伸び続けるのですから。末端はずたずたに裂けて擦り切れ、食料の乏しい時期に草食動物に食べられてしまうので、私たちが目にするのはせいぜい、数mほどに伸びたねじれた葉だけですが、もし何事もなければ、何百mもの長さになることでしょう。

　にわか雨が数年に一度降るかどうかといった場所では、ウェルウィッチアの長い主根が生き残りの秘訣だとかつては考えられていましたが、現在ではその目的は地下水を見つけることよりも、暴風に飛ばされないよう体を固定することだと考えられています。その代わりにウェルウィッチアでは、長い主根と広範囲に広がる通常の根に加え、植物がガス交換に使う葉の微小な気孔が、霧から水分を吸収できるように適応してきました。

　外に向かって広がる葉は、避難所であり生命のオアシスです。たとえばこの植物には、ウェルウィッチアナガカメムシという非常に美しい小さな虫がよくくっついています。成熟すると朱色から黒斑のあるクリーム色に変わり、不格好に背中合わせで交尾します。彼らは樹液をすすり、他の虫たちとともに、砂漠の生物たちの共同体を支えているのです。

　ウェルウィッチアには雄株と雌株があります。雄株の縁の近くから現れる雄花は、剛毛を生やした赤茶色の指のような形をしており、一方、雌株が直立させるあずき色や橙色のすべすべした雌花は、松かさ（球果）に驚くほどよく似てい

ます。ところがこれらの花の内部の形態は、裸子植物に見られるものよりも被子植物のそれに似ており、主な送粉者と考えらえられているハエやハチのために蜜まで作りだします。植物学者はやや興奮しつつ、ウェルウィッチアは裸子植物と、のちに進化した被子植物との間の「ミッシングリンク」の可能性があると考えています。チャールズ・ダーウィンはウェルウィッチアを「植物界のカモノハシ」と呼びました。卵を産む哺乳類であるカモノハシもまた、カモノハシ科に属する唯一の動物であり〔訳注：ウェルウィッチアもウェルウィッチア科に属する唯一の植物〕、世界のどこにも近縁種が存在しないのです。

アロエディコトマ（およびアロエベラ）

（ススキノキ科アロイデンドロン属およびススキノキ科アロエ属）

Aloidendron dichotomum (and *Aloe vera*)

　ロエディコトマは世界最大級のアロエです。ナミビアの半砂漠地帯や南アフリカの西ケープ地方でもじゅうぶんに印象的な植物ですが、きわめて乾燥したナミブ砂漠での潑溂（はつらつ）とした姿には驚くばかりです。そこでは遠く離れたところからでも木のように見えるものは、この植物以外に何も見当たりません。植物学の純粋主義者は、アロエディコトマは厳密には木ではないと主張するかもしれません。幹が正確には「木質」ではないからです。わずかな降雨を最大限に活用するため、幹や枝には水を蓄えられる海綿状の物質が詰まっているのです。とはいえ見た目はまさしく木です。ほとんどのアロエは地面の近くで茂りますが、アロエディコトマには主軸となる1本の太い幹があり、それは若いときにはこの上なく滑らかで、熱と光を反射する細かな白い粉にうっすらと覆われています。幹はやがて二股に分かれ、その枝がさらに二股に分かれ、そのたびに枝の長さは半分になって丸い樹冠を形成します。アロエディコトマはきわめて乾燥した期間が続くと、資源を節約するため自己切断という稀有な才能を発揮し、そこかしこで枝を断ちます。英語で「quiver tree（矢筒の木）」（クイヴァー・ツリー）と呼ばれるのは、たやすく中身をくり抜けるこの落枝を、先住民のサン族が矢筒に使っていたことに由来します。

　丸い樹冠を乗せ、上に向かうほど細くなる幹は、高さ9m、根元の直径は1mにもなり、とても目立ちます。太陽が低い位置にあるときの樹皮は実に見事で、琥珀色のすべすべした大きな鱗（うろこ）が連結したような樹皮は、触ってくれ、といわんばかりです。でも、ご用心。その硬い鱗の縁はかみそりのように鋭いのです。

　アロエディコトマの葉はまさしくアロエのもので、ロゼット状に広がる青緑色の大きな肉厚の葉は、水分の蒸発を防ぐ丈夫なロウ質のクチクラで覆われており、内部に無色のゲルがあります。これは水を蓄えるための策略です。冬になると、それらの葉の上に花が現れます。親指ほどの太さの花軸に、青空を背景にして色めき立つ濃い鮮黄色（カナリアイエロー）の筒状の花をいくつも咲かせます。それらに引き寄せられたウスグロタイヨウチョウは、蜜をたっぷりもらう代わりに受粉を行います。ヒヒでさえ、この花には蜜を吸うだけの価値があると考えています。またシャカイハタオリ〔訳注：スズメに近縁の小鳥で、世界最大の巣を作る鳥として知られている〕はアロエディコトマの枝に派手な集団巣（コロニー）を作ることがあり、それは人間の観光客をも魅了します。

　アロエの仲間のなかでも特に有名なのは、（「真の」アロエ、と称されることも

ある）アロエベラです。アラビア半島原産ですが、北アフリカでは古くから知られており、現在は化粧品や軟膏の原料として広く栽培されています。緩やかなカーブを描き、人の腰ほどの高さに育つ光沢のある葉には白斑があり、長い花茎に黄色や桃色、ときには赤色の小さな花を華やかに咲かせます。アロエベラは魅力的な灰紫色の蒴果（さくか）をつけますが、4,000年を超える品種改良のある時点で不稔となりました。今では親株のそばに生える「子株」と呼ばれる小さなクローンによって繁殖しています。

　アロエベラは古代エジプトの本草書であるエーベルス・パピルス（64ページ）でも取り上げられており、この地域のほぼすべての文明で利用されていました。ギリシャの哲学者アリストテレスはアレクサンドロス大王に対し、現在のイエメン沖のソコトラ島に軍を派遣して兵士の傷の治療に使うアロエを確保するよう助言した、という有名ではありますが検証の難しい伝承が残っています。現在ではアロエのゲルが万能薬だという主張は、どんな証拠をもってしても過大評価です。科学的には、乾癬の症状を緩和したり、もしかすると軽い火傷を治したりする皮膚軟化剤としての効果はあるのかもしれませんが、せいぜいその程度です。アロエの成分の一部は保存がきかないので、キッチンに鉢植えを置いて軽い火傷の際にいつでも塗れるようにしておくのは、調合剤を買うより効果的かもしれません（し、その方が間違いなく満足度は高いでしょう）。

　アロエの第2の生成物は、葉の外皮のすぐ下に蓄えられている黄色っぽい乳液で、草食動物から身を守るために進化したのは間違いありません。不快なほど苦く、酸っぱいルバーブのような香りがするそれは、強力な緩下作用があることから、急激な下痢が体から「悪い体液」を除去すると信じられていた古代と中世に重宝されました。20世紀初頭のヨーロッパでも、それは「苦いアロエ」と呼ばれ、子どもの爪かみや指しゃぶりをやめさせるのに使われました。とんでもなくまずいので、偶発的な過剰摂取はおそらく起きなかったでしょう。

　アロエとアガベ（158ページ）は、収斂進化（しゅうれんしんか）の興味深い実例です。アロエ（主にアフリカに分布）とアガベ（アメリカ大陸原産）はまったく無関係ですが、乾燥した環境に適応し、似たような形質を個別に進化させてきました。確かにアロエは毎年花を咲かせ、アガベは1回のチャンスにすべてを賭けますが、どちらも必要に迫られれば子株から繁殖が可能です。またどちらも肉質の葉に（アロエはぬめぬめしたゲル、アガベは繊維を使って）水をたっぷり蓄え、丈夫なロウ質の外皮と鋸（のこぎり）の歯のような縁で身を守ります。そして何より、このふたつの属は見た目がそっくりです。収斂進化になんだか満ち足りた気持ちになるのは、まるでエンジニアのチームに難題を与えたら、どのチームも独自の方法で同様の解決策に至ったかのように見えるからです。自然淘汰は実際、とても賢いのかもしれません。

Aloidendron dichotomum

マダガスカル
バニラ
（ラン科バニラ属）
Vanilla planifolia

　バニラは中米の熱帯林原産のつる性のランで、樹木を支えにしながら高さ30mにも成長します。19世紀半ばに他の高温多湿の地域で栽培されるまでは、メキシコが主な産地で、そこでは舌の肥えたアステカ族がカカオ飲料への香りづけにバニラを栽培していました。現在、世界最大の生産国はマダガスカルです。マダガスカルは荘厳なバオバブの木のほうが有名かもしれませんが、その気候と安価な人件費は、骨の折れるバニラの生産にはうってつけなのです。

　栽培する際は、花つきをよくするために低木や木枠に誘引し、剪定を行います。黄色やクリーム色、淡緑色の控えめな色合いの角形の花は、ほのかにシナモンの香りを漂わせ、原産地ではハチドリとハリナシバチ（メリポナ）が受粉を行います。ところがこれらの生き物は中米にしかいないため、他の地域でバニラに果実を作らせるには、1つ1つの花を人工的に手作業で受粉させなければなりません。花は1日しか開かないので、毎朝、つるのなかから新たな花を探しだす必要があります。現在でも使われている受粉技術は、インド洋のレユニオン島で奴隷として生まれたエドモン・アルビウスという12歳の少年が1841年に編みだしたもので、竹串でおしべとめしべを隔てる膜を裂き、両者を一緒に優しく押さえて受粉を完成させます。すると翌日には花の緑色の基部が膨らみ始め、その後9か月かけて人の手のひらほどの長さがある、細長い果実に成長します。バニラはサフラン（40ページ）に次ぐ大変貴重なスパイスであることから、農家はたいてい盗難防止のため、成長中のそれぞれの果実に独自のコードを刻んでいます。

　やや黄色を帯びた果実がようやく摘み取られたときには、残念ながら無臭で、おなじみの強烈な芳香を放つ濃茶色の香料（バニラビーンズ）に変えるには、さらに大変な労力が必要です。果実を熱湯にさっと浸した後、昼は広げて天日干し、夜は布に包んで寝かせること2週間、その後さらに数か月かけて丁寧に乾かして熟成させていくのです。この長い工程のなかで、酵素によって香りの主成分であるバニリンを始め、数百種類の香りのよい分子の混合物が作りだされます。その果実を割って中身をこそげ取り、アルコールと混ぜると、バニラ・エキストラクトができます。

　バニラ・エキストラクトは当然ながら高価なため、市販のバニラ香料の大半は、木材パルプ製造で出るさまざまな副生成物に由来する、合成バニリンで作られています。木の樽に保管されたワインからほのかにバニラの香りがしたり、

80

安いウイスキーの瓶にバニラの香料を数滴加えると、オークの樽で長期間熟成したような感じになったりするのは、この化学プロセスのためです。天然のバニラがもつ複雑で豊かな風味を欠く合成バニリンは、本物のバニラの幽霊にすぎません。悲しいかな、この模造品は安価なアイスクリームにあまりにもよく使われており、どこかエキゾチックで高貴なる絶品は、凡人たちの手軽なおやつになっています。

ケニア
ホテイアオイ
（ミズアオイ科ホテイアオイ属）

Eichhornia crassipes

ホテイアオイは、アマゾン川流域原産の魅力的な水生植物です。丸く膨らんだ葉柄〔訳注：葉と茎をつなぐ部分〕が浮き袋となって自由に浮遊することができ、水面下には細かな根がたいてい1m以上も垂れ下がっています。一方、水面上では革質の光沢のある丸みを帯びた葉が帆のように機能して、この植物体をすいすいと移動させます。薄紫色の花にはそれぞれいちばん上の花びらに、青く縁取られた黄色い独特な斑紋があります。これはミツバチに蜜のありかを知らせる蜜標です。ミツバチたちもどうやら自分たちのために用意された、美しいガラス細工のような微細な腺毛から分泌される蜜を楽しんでいるように見えます。ホテイアオイは、走出枝を伸ばして効率的にクローンを作ります。19世紀後半には、庭の池で簡単に増やせる観賞植物として世界中に輸出されました。残念ながらそれはすぐに池から逃げだし、悪夢のような雑草となったのです。

原産地から遠く離れ、天敵のいないホテイアオイは、最も急速に広がり続けている植物の1つです。農業排水などが流入する栄養分に富んだ水域で驚異的なスピードで増殖し、熱帯全域の河川や淡水湖にはびこり、ときにマット状の密生群落を形成して、発電所の冷却水の取水口や河川を詰まらせます。また水田を一面に覆い、湖から酸素や他の生物の命を奪い、蚊のすみかとなり、危険なカバやワニの姿を隠してしまいます。アフリカでは数十年にわたり、多くの湖が深刻な影響を受けてきました。2019年には、ケニアのビクトリア湖沿岸のおよそ170km^{2}をホテイアオイが覆い、繁茂した群落で身動きが取れなくなった船が、見渡す限りの緑の大海原のなかに置き去りにされるようになりました。

最も有望な対策は、ホテイアオイと一緒に進化したブラジルのゾウムシ（*Neochetina*属）の導入です。その幼虫はホテイアオイに穴をあけ、生長点を破壊し、水を浸透させて腐らせます。しかしゾウムシの個体群が定着するまでには数年を要します。それまでの間、巨大な刈り取り機で航行水路をきれいに片づけることはできますが、それは一時しのぎの対策にすぎません。ホテイアオイは植物体の小さな断片からすぐに広がっていくからです。サッカーフィールド1面分の面積から引き揚げられるホテイアオイの重さは300トンにもなりますが、ありがたいことにそのあり余る材料の有益な使い道はすでに見つかっています。細々とした編みかご製作に代わって、自治体の発酵槽がホテイアオイをバイオガスに変えつつあり、それは調理用コンロの熱源となって薪にのしかかる負担を減らしています。

エチオピア
アラビカコーヒーノキ
（アカネ科コーヒーノキ属）

Coffea arabica

常緑低木のアラビカコーヒーノキは、エチオピア南西部の森に覆われた山地の近くで産声を上げました。しわが寄った楕円形の葉は、表側は光沢のある濃色、裏側は淡色で、日陰を好みます。満開時には、たくさんの白い繊細な花綱が1本の木を美しく飾り立て、スイカズラとジャスミンの香りをほんのり漂わせて人々を魅了しますが、それはほんの数日のことです。果実は滑らかな楕円形で熟すと鮮やかな赤色になり、深い溝が刻まれた1対の種子——おなじみのコーヒー「豆」——は、スイカやアプリコットのような味がする薄い果肉に包まれています。色鮮やかで甘い果実は、猿や鳥を惹きつけるように進化しました。彼らはそれをまる飲みし、果肉を取り去って、種子を無傷で排泄します。まれにそうした豆が集められて、贅沢品として売られてきました。たとえば愛好家がとりわけ「なめらかで土の香りがする」と評するインドネシアのコピ・ルアクというコーヒー豆は、ジャコウネコの、ええと……「出したもの」で、ジャコウネコはしばしばこの目的のために捕獲されたり、売買されたりします。それ以外の栽培されているコーヒーノキは、すべて人の手で収穫されます。コーヒーノキの果実は一斉には熟さないので、機械による収穫には不向きなのです。

　1,000年以上前、天賦の才、あるいは何かの幸運のおかげで、果肉と殻が取り除かれた味も素っ気もない無臭の豆は、焙られ、砕かれ、お湯を注がれました。その結果誕生した、おいしくて刺激的でありながらノンアルコールの飲料は、イエメン経由でイスラム世界とオスマン帝国全体に広がりました。こうしたコーヒーとイスラム教との関係から、1600年頃にバチカン当局はコーヒーを「キリスト教徒の魂を乗っ取る、悪魔が仕掛けた最新の罠」として追放しましたが、ローマ教皇クレメンス8世はおそらく実際に飲んでみたのでしょう、「異教徒だけに許しておくのは惜しい」として、コーヒーを祝福したと伝えられています。まったくなんたる魔力なのでしょう！

　17世紀半ばまでに、ヨーロッパ全域にコーヒーハウスが出現しました。特にロンドンでは、より気軽で女性向けのチョコレートハウス（71ページ）とは対照的に、男性がビジネスや政治について議論する場となりました。コーヒーの作法は多くの文化で何世紀にもわたり、興味深い道具立てと、挽き方や産地に関するマニアックな選り好みに支えられて、発展してきました。エチオピアには特に手の込んだ作法があります。赤々と燃える炭火の上で、香りを漂わせながら豆を炒ったら、すぐに卓上でカルダモンなどのスパイスと一緒に砕きます。そうしてでき

た強烈な黒い飲み物と一緒に供されるのは……、なんとポップコーンです。エチオピア式カフェの近くに住む幸運な人には、それは愉快な経験ですが、寝る前に行くのはやめたほうがよさそうです。

コーヒーノキがカフェインを生みだしたのは、もちろん人間のためではありません。枯れて落ちた葉からカフェインが土壌に滲みだし、競合する植物の発芽や成長を妨げるのです。またカフェインはさまざまな昆虫や菌類から身を守る術であり、彼らの命を奪うこともあります。ですからコーヒーノキや、コーヒーノキと無関係の一部の柑橘類でさえも、花蜜のなかにカフェインを忍ばせているというのは驚くべきことです。なにしろ花蜜は、他の株に花粉を運んでくれる虫たちに報いるためのものなのですから。わかっているのは、ミツバチが感知できないごく少量のカフェインは、彼らにその植物を記憶させ、再訪の可能性を高めているということです。薬理作用を生むにはかろうじて足りるけれども、害を及ぼすには至らない量のカフェインを、花は巧みに分配しているのです。

アジアでは19世紀末にかけて、アラビカコーヒーの生産が葉さび病により壊滅しました。農園はアラビカコーヒーノキよりも苦味は強いけれども免疫力のあるロブスタ種（*Coffea canephora*）に植え替えられ、それは現在、広く栽培されています。既存のコーヒーノキの系統は、気候変動とそれに伴う新たな病害虫のリスクに再びさらされていますが、新しい品種を生みだす余地はあります。コーヒーノキには熱帯アフリカを中心に120を超える野生種が存在するのです。それらは魅力的な風味をもち、カフェインの含有量もさまざまで、なかには高温や干ばつに耐えたり、多様な土壌や病気に対処したりするものもありますが、多くは気候変動や森林消失の脅威にさらされています。世界で最も価値ある商品の１つの、このきわめて貴重な遺伝的多様性の源泉を保護する負担の多くを、主にアフリカ諸国が背負わされているのはフェアではないと感じます。

イラン

アサフェティダ
（セリ科オオウイキョウ属）

Ferula assa-foetida

半乾燥地帯でしばしば人の背丈を超えて育つアサフェティダは、握りこぶしほどの太さがある中空の茎でがっしりと立ち、ほとんどの葉を地面に引きずるように生やしています。小さな花柄（かへい）の先端から花火のように広がる黄色い小花で構成された花序は、大きく堂々としていて、とても目を引きます。それに比べるとはるかに魅力に乏しい香りは、保護油とゴムと樹脂が混ざり合ったべたべたした乳状の樹液に凝縮されています。茎や根に傷をつけて採集すると、この貴重な樹脂状の物質は空気中で硬化して徐々に茶色に変わり、硫黄化合物の強烈な悪臭を放ちます。それはニンニクと臭い汗と腐りかけの肉が混ざったような、魅惑的な臭いです。とても売れそうもないアサフェティダですが、インドには市場があって、ヒング（hing）の名で知られており、伝統医学アーユルヴェーダでは消化薬としても、呼吸器や神経症状の治療薬としても高く評価されています。またインドの家庭では事実上いたるところで使われています。

　豆粒ほどのアサフェティダの塊を砕いて油で炒めると、まるで魔法のような、思わず声をあげて笑ってしまうような変化が起こります。あのただごとではない悪臭が消えて、ほっこりとして香ばしい、タマネギのような香りに置き換わるのです。他のスパイスも一緒に上手にまとめ上げてくれるこの旨味調味料は、インドのレンズ豆やヒヨコ豆の料理ならではの特別な快楽なのです（整腸作用のおまけもついてくるかもしれません）。

　アサフェティダは、古代ギリシャ・ローマ時代の料理の真髄をなす調味料、シルフィウムに非常に近い種だと考えられています。シルフィウムはこれらの社会において、料理と文化の象徴でした。残念ながらシルフィウムの栽培はどう頑張ってもうまくいかず、現在はリビアの一部となっている、キレナイカという地中海沿岸の帯状の地域でしか育ちませんでした。数百年にわたり供給が厳しく制限され、高価格を維持しながら持続可能な収穫が保たれていましたが、共和政ローマがキレナイカの知事を一時的に配置し始めると、シルフィウムは短期的利益のために乱獲されました。紀元1世紀までにはシルフィウムはまだレシピに掲載されているものの、もはやほぼ入手不可能だと大プリニウスは不満を述べていますし、価格が上昇するにつれ、ローマ人はペルシア産のアサフェティダを代用するようになりました。それはシルフィウムに「似ている」が悲しいほど「劣っている」と、彼らはやるせなさそうに述べています。やがてシルフィウムは、ユリウス・カエサルが金や銀とともに金庫に保管するほど希少なものとなりました。そしておそ

らく 2 世紀の初頭には絶滅してしまったのです。

　シルフィウムは、絶滅するまではキレナイカの主要な交易品でした。この植物は（ときにはそのハート形の実も）、キレナイカのコインであることを識別するモチーフになっていました。またシルフィウムは経口避妊薬として使われていた可能性があるため、媚薬だったと主張する歴史家もいます。そのような角度から光を当てると、どうしても現代の目でそのハート形のシンボルを見てしまい、2,000年以上前にその形はすでに愛と関連づけられていたのかもしれない、などと考えずにいられません。もっと最近では、シルフィウムの近縁種とされるアサフェティダが、性的興奮剤としてアラビア半島からインドに至る地域で使われてきました。あの独特な匂いを考えれば、使用者は効能を強く信じているに違いありません。

イラン
ダマスクローズ
（別名ロサ・ダマスケナ、バラ科バラ属）

Rosa × damascena

バラは棘<ruby>棘<rt>とげ</rt></ruby>をもつ灌木で、その起源はややこしく、野生種や栽培種、交配種など、おびただしい数の変種があります。多くのバラの花は、送粉者を誘惑するために色や香りを進化させ、そよ風のなかでもミツバチが摑<ruby>摑<rt>つか</rt></ruby>みやすいように、花びらの表面を微小な円錐形の細胞で覆ってもいます。しかし品種改良が繰り返されたバラのなかには、繁殖を人間に頼るものもあります。幾重にも重なる花びらは園芸賞を勝ち取りはしますが、昆虫たちにはバリケードとなって蜜や花粉に近づけず、自然受粉を不可能にしてしまうのです。

人間は長い間、バラを使ってシグナルを送り合ってきました。たとえばローマ軍は戦勝旗の上にバラを絡ませ、皇帝ネロは香りでむせかえるほどのバラで宴席を埋め尽くして、権勢を誇示しました。またバラにはギリシャ神話の沈黙の神との関連から、「秘密を守る」という意味があり、古代ローマの晩餐室の天井に描かれたり、中世には王室の外交会議の席上に吊るされたりしました。現在でもスコットランド政府は、オフレコの戦略的な議論のことを「内密に」という意味をもつ「sub rosa<ruby>sub rosa<rt>サブローザ</rt></ruby>（バラの下で）」と称しています。

バラはとりわけイスラム教と密接な関係があります。言い伝えではバラは預言者ムハンマドの汗の粒から生じたもので、16世紀以降、ペルシャ式の園芸術やデザインを手本としたムガル帝国の庭園で好んで使われました。バラを国花とする国は米国や英国など10か国以上ありますが、イランもその１つで、今でもイランではバラは国家威信の中核をなすものであり、祝祭で称えられています。

ブルガリア、トルコ、イラン中部では、香り高いピンク色のダマスクローズが開放的なバラ畑で栽培されています。そこはバラの香料と香水の主たる供給源です。花びらを茹<ruby>茹<rt>ゆ</rt></ruby>で、蒸気を凝結させて大量に作られるローズウォーターは、トルコのラハト・ルクームや、ピスタチオが入った甘さ控えめのイランのラハートなど、地域のお菓子に惜しげもなく使われています。しかし調香師が欲しがる非常に高濃度のローズオイルを作るには、気が遠くなるような労力を要します。早朝のピーク時に7,000個もの花を摘み取り、その日のうちに蒸留してようやく、計り知れない価値のある、わずか小さじ１杯のオイルができるのです。

バラの包み込むような香りと官能的な輝きは、バラと、愛とロマンスとを深く結びつけてきました。バラを使ったデザートは、無上の幸福を味わっているようにも、石鹸を食べているようにも感じられますが、バラが送っているシグナル以上の愛を、この世界が必要としていることは確かです。

ヘナ（ヘンナ）

（ミソハギ科シコウカ属）

Lawsonia inermis

　ヘナは暑さが大好きな中東と南アジアの灌木で、干ばつ時には葉を落とし、雨が降ると生気を取り戻すことで、乾燥した痩せた土地にうまく適応しています。白色やピンク色混じりの小花を弾けるように咲かせた枝は、葉の緑色とあいまって陽気な花束のようですが、近くに寄ると官能的な、濃密すぎるほどの香りが漂います。調香師はヘナの花から抽出した香油を使いますが、当然ながら高価なものです。

　さして印象に残らないヘナの葉は、3,500年以上前の古代エジプトでボディーアートに使われた最も古い化粧品原料の1つです。葉には微生物や昆虫から身を守るのに使う、ヘンノシドという物質が含まれています。葉を粉末にして水と少量のレモンを加えてペースト状にすると、化学反応が始まってローソン（おなじみの染料の化学名）が生成されるので、これを皮膚や毛髪や爪に塗ると、タンパク質と結合してオレンジ系の褐色に染まります。色味や色の濃淡は、塗布の時間を加減したり、ときにはコーヒーや茶や合成染料を加えて調整します。

　ヘナの葉はパキスタン全域で、乾燥させ、粉末にし、ふるいにかけたものが売られています。女性の服装がとりわけ控えめな地域では、手や足に精巧なヘナの装飾を施すことがなんらかの意味をもつことがあります。一部の社会では、生理が終わると女性にヘナの模様を施しますが、どうやらその模様の退色具合から、女性が今、月経周期のどのあたりにいるのかが、わかる人にはわかるようです。より一般的なものとしては、伝統的なイスラム教やヒンドゥー教の結婚式の直前に行われる、「Mehndi night（ヘナの夜）」があります。それは西洋のヘン・ナイト〔訳注：結婚直前の花嫁のために開かれる女性のみのパーティー〕に相当する、女性同士がボディーアートやおしゃれを楽しみ、親交を深める華やかなお祝い会ですが、もっとカラフルで、お酒はたぶん、もっと控えめでしょうね。

インド
ハス
（ハス科ハス属）
Nelumbo nucifera

アジアで最も敬愛されている植物の１つであり、インドの国花でもあるハスは、食用作物として7,000年にわたり栽培され、調理用に、あるいは文化的、鑑賞的な価値のために数百もの品種が生みだされてきました。ハスは１億年以上前から存在する生きた化石で、現存する最も近縁の植物は、斬新な花を咲かせる南アフリカのプロテア属と、なんと、ロンドンの街路を飾る大木のプラタナス（スズカケノキ属）です。淀んだ水域で旺盛に育つハスは、新天地では侵略的にすらなり、水深の浅い池や湿地の泥のなかを這う根茎を介して急速に広がります。ハスの根茎（蓮根）は、アーティチョークに似た独特の風味と、加熱後も残るシャキシャキとしたおいしい歯ごたえ、そして細長い空気の通り道が印象的な網目模様となって現れる切断面が珍重されています。

ハスは日光をじゅうぶんに浴びると、硬く頑丈な茎の先端に孤高のつぼみを高く突き上げて、荘厳な花を咲かせます。それは中国と日本の芸術における、美の極致です。見事に均整の取れたお椀形の花びらは、先端に向かってサクランボ色や藤色が濃くなる美しいグラデーションを描いていることが多く、この上なく繊細です。花はメロン大で、オオオニバス（154ページ）のそれとよく似ています。両種は近縁ではありませんが、どちらも花びらを少し開いて甘い香りで甲虫を誘い込んだ後、花びらを閉じて彼らをなかに一晩捕えておくよう進化しました。ハスは周囲がはるかに涼しくても内部の温度を36℃前後に保って、文字どおり、彼らを温かく歓迎します。翌朝、花は完全に開いて花粉まみれの甲虫を解放し、再びミツバチなどの昆虫を引き寄せて受粉の第２波に加わります。

熱帯地方ではハスは一年中咲いていますが、個々の花はほんの数日しか咲きません。花びらが落ちると、花托と呼ばれる、シャワーヘッドにそっくりな、異様に人工的な円錐形の構造が姿を現します。その平らな面には穴がたくさん開いており、それぞれの穴にナッツのような種子が１つずつ入っていて、花托が堅い木質に変わると穴のなかでカタカタと音を立てます。種子はやや風味には欠けますが栄養価が高く、炒ってスナックにしたり、茹でたり、粉にしたりします。種子を包む褐色の殻はきわめて強靭です。中国東北部の乾燥した湖底で発見され、放射性炭素年代測定で1,000年以上前のものだと判明したひと握りの種子は、発芽して美しい花を咲かせました。

驚くほど大きく、明るく輝くハスの葉は、葉柄が葉の中心についていて、まるでおちょこになった傘のような形で水面から立ち上がっています。青菜として調

理されたり、食品を包むのに使われたりしますが、ある類まれな特徴があります。高さ約1/100mmのロウ質の乳頭状突起が、親指の爪ほどの面積あたり200万個もびっしり覆っているのです。これらの突起は水滴と葉の接触面積を減らし、水滴が葉の表面に極力くっつかないようにして、撥水性を生みだします。表面張力によって粒状になった雨水は、葉の中心に向かってするりと流れ下り、そこで１つのきらめくビーズとなって、葉を乾いた状態に保ちます。葉は乾いている方が感染症にかかりにくいうえ、乳頭状突起のおかげで表面がきれいに保たれているので、日光も最大限に活用できます。空気中の塵も泥も、多くの菌類胞子も、乳頭状突起よりもかなり大きいので、雨の滴で簡単に洗い流され、やがて揺れ動く葉から転がり落ちてしまいます。キャベツなどのアブラナ科や他の植物の葉も同様のふるまいをしますが、これほど洗練されてはいません。材料科学の研究者は、いわゆるこの「ロータス効果」（ハス効果）を模倣して、水や汚れを弾く雨具や窓ガラス、塗料を作りだしてきました。

　この神聖なるハスは、アジア文化圏で深い宗教的意味をもっています。神々が蓮華の上に鎮座した姿は、芸術や建築、彫刻における一般的なモチーフです。ヒンズー教では、宇宙の創造神ブラフマーは、ヴィシュヌ神の臍から生えたハスから現れました。ヴィシュヌの妻である女神ラクシュミーは、蓮華に乗った姿やつぼみを持った姿で描かれ、それは清浄、富、豊穣を表しています。仏教では、ゴータマ・シッダールタ（釈迦）が生まれてすぐに歩いた足跡から、ハスの花が咲いたといわれています。チベット仏教では、最もよく唱えられる「Om mani padme hum」という真言のなかで、ハスは悟りと無上の尊さに結びつけられています。完全無欠で、自らが育つ泥水にまみれず、葉の上で宝石のようなきらきら輝く水のビーズを躍らせるハスは、光と英知への精神の旅を象徴しているのです。

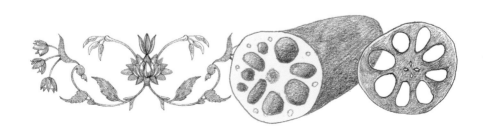

インド
センジュギク
（キク科コウオウソウ属）

Tagetes erecta

African marigold（アフリカン・マリーゴールド）という英語名をもつセンジュギクは、まぎらわしいことにメキシコと中米が原産地ですが、地中海や南東ヨーロッパ原産で「マリーゴールド」と称されることがあるキンセンカ（*Calendula*属）と似ているため、よく混同されます。マリーゴールドは「マリアの黄金（Mary's gold）」に由来する名前で、聖母マリアの精神の輝きを表しています。確かに、直立した茎の先端に鮮やかに咲くセンジュギクの花は、人々を導く光明のようです。色はレモンのような淡い黄色からパンチの効いたオレンジ色、さらには緋色っぽいものまであります。

　古来、センジュギクは消毒薬として、また胃の不調や腸内の寄生虫、皮膚の潰瘍やただれの治療薬として利用されてきました。アステカ文明では、医療行為が植物の利用と魔術や宗教とを結びつけており、宗教的な祝祭でセンジュギクが装飾や供物に用いられたり、神々がセンジュギクの花飾りで飾られたりしました。

　アステカの文化は現代のメキシコにも息づいています。メキシコでは、カトリックの行事である11月初旬の万聖節と万霊節に、故人が現世に戻って友人や親戚を訪ねるという、スペイン征服以前の信仰が組み込まれています。その結果生まれたのが心温まる楽しい風習——死者の日——で、メキシコの人々は家族や友人の墓を訪れ、センジュギクと供物で墓を飾ります。魂がかつて暮らした家のなかにある祭壇にたどり着くための道しるべとして、この地域で「flor de muertos（死者の花）」（フロール・デ・ムエルトス）として広く知られる、センジュギクの花びらが陽気に飾られます。

　かつてアステカの神々がセンジュギクで華やかに飾られたという話は、現代のインドにもすんなり当てはまるかもしれません。センジュギクの強烈な柑橘系の色合いは、ヒンズー教では清浄を、シーク教では英知を、仏教では啓示を象徴しており、そのためこの花は高名な大寺院にも、ごく質素な祭壇にも飾られています。また、ボビンに巻かれたまばゆいばかりのセンジュギクの花綱飾りが1m単位で売られていて、政府高官やボリウッドの映画スター、結婚式を執り行う聖職者、葬儀の会葬者の装飾に使われたりします。それらがトラックのフロントガラスに扇形に優美に垂れ下げられたり、縁起のよい幾何学的なデザインで地面に配置されたりしているのを見るたびに、植物と人間の文化との切っても切れない関係をひしひしと思わずにはいられません。

インド
マンゴー
（ウルシ科マンゴー属）
Mangifera indica

4,000年ほど前にマンゴーの祖先を栽培し始めたインドは、今でも世界の収穫高の半分近くを生産し、その大半を国内で消費しています。果実の大きさや色、味や食感だけでなく、鮮度を保てる期間、耐病性、収穫に適した樹高など、考えられるありとあらゆる特性を獲得するため、数百もの品種が生みだされてきました。樹高30mにも達するマンゴーの木は、丸く密な樹冠と少しひびが入って剝離しかけた厚い樹皮をもつ、頑丈な常緑樹です。光沢のある濃緑色の葉は、潰すと苦い樟脳のような香りの防御物質を放ちます。ひもでつないだマンゴーの葉を、幸運を願って戸口の上に飾る一般的なインドの伝統は、その虫よけ効果から生まれたのかもしれません。

　マンゴーは非常に危険なツタウルシやカシューなどと同じく、高い防御力を誇る悪名高きウルシ科の一員です。その苛烈な防御力を考えると、カシューナッツが食用になることを発見した人がいたことには驚くほかありません。それに比べれば、マンゴーはボクサーとしてはライト級です。幹から滲み出た乳白色の樹液がかゆみを引き起こすことがあったり、愚かにも果実の固い皮をくちゃくちゃ嚙んで、灼熱感を覚えたりする人はいますが。

　ああ、その果実ときたら！　長い頑丈な柄の先にぶら下がる腎臓のような形の多肉質の果実は、品種の違いによって淡黄色や黄金色、赤色にさえに熟していき、それとともに白っぽい粉のようなブルーム〔訳注：植物自身が作りだすロウ物質で、雨や露などの水分をはじいて病気を予防したり、水分の蒸発を防いで身を守る働きがある〕が現れます。センジュギクのようなオレンジ色——ヒンドゥー教の文化圏でとりわけ縁起のよい色（97ページ）——で、水分が多く濃密で、五感を刺激する官能的な果肉は、キャラメルや桃やココナツを思わせる複雑な味がし、奥に隠れたテルペン（含油樹脂）がそのバランスを取っています。生のマンゴーが甘すぎるときは、アムチュール（amchoor）という乾燥マンゴーの粉末を使えば、口のなかにじゅるりと唾液があふれだすシャープな酸味を加えることができますが、どういうわけか、アジア以外ではあまり好まれていません。

　マンゴーは1本の木に1シーズンで優に3,000個の果実を実らせます。これだけの量を実らせるには驚異的な頑張りが必要で、マンゴーは「当たり年」と「不作の年」を繰り返すことで英気を養います。それほど豊かな実りをもたらす植物だけあって、マンゴーは幸運と豊饒の象徴であり、新郎新婦がマンゴーの木の周りを一緒にパレードしたり、マンゴーと他の植物種（たいていタマリンド）

との間で結婚の儀式を執り行う地域もあります。また愛と色欲を司るヒンドゥー教の神カーマは、先端にマンゴーの花をつけた矢から性愛の喜びを振りまきます。

　インドで最も広く崇められている神の1人であるガネーシャは、障害を取り除く知恵の神で、よくマンゴーとともに象の姿で描かれます。確かに象は、大型哺乳類を魅了するよう進化したこの果実が大好物で、象の腸内分泌物はマンゴーの種子の発芽を促すことが知られています。一緒に排出される糞のおかげで、種子は幸先のよいスタートが切れるのです。

　象とマンゴーは、16世紀から19世紀のムガル絵画に頻繁に登場します。この芸術作品には粉っぽい質感の、半透明で発光しているように見える黄金色の顔料が使われていることが多く、それは間接的には、マンゴーから生成されたものです。このインディアンイエローという顔料は、貿易商人とそれを高く評価するようになったヨーロッパの一部の芸術家には知られていましたが、変色しないばかりか蛍光を発するため、とりわけ目に鮮やかに映ります。1883年にコルカタ近郊の村でその顔料の製造を目撃したある人物が、牛たちが残酷にもマンゴーの葉しか餌を与えられず、尿が際立った黄色に変色しているのを確認しました。尿を丁寧に集め、沸騰させて水分を飛ばし（むむむ……）、濾過することで、どうやらあの黄色い粉末は製造されていたのです。流通の際にはそれを丸めてパテ状にしていました。この慣行が禁止されたのは、つい20世紀初頭のことです。化学者や美術史家はこの話に懐疑的でしたが、2019年に最新の分析技術を使って古い色素のサンプルを調べた結果、インディアンイエローが間違いなく牛の尿を介したマンゴーの葉に由来することがついに確かめられました。

インド（およびフィリピン、中国、エチオピア）

バナナ（およびその近縁種のアバカ、チュウキンレン、エンセーテ）

（バショウ科バショウ属、バショウ科ムセラ属、バショウ科エンセーテ属）

Musa spp., *Musella* and *Ensete*

け た外れに大きな葉を茂らせ、見上げるような高さに育つことが多いのに、バナナは植物学的には木ではなく巨大な草です。開花を終えると地上部は枯れますし、幹のようなものは葉柄がきつく巻き重なった偽茎（ぎけい）で、まっとうな木質ではありません。

　おなじみのバナナという植物は、東南アジアに現存する、不快な硬い種子が入った小さくてまずそうな実をつける2つの野生種が、遠い昔に交雑した種です。バナナは1万年に及ぶ栽培史の初期にあっさりと種子を失い、不稔になりました。プランテン——5億人以上の食を支えるデンプン質の料理用のバナナ——を含む数百もの品種は、いずれも繁殖を人間に頼っています。親株の脇から伸びる新芽を株分けし、遺伝的に同一のバナナを増やしていくのです。

　およそ1年かけて、高さ数mに達したバナナは、今度はそのエネルギーを壮大な開花へと向けていきます。茎の先端から花軸を伸ばし、苞（ほう）（花芽を保護する特別な葉）に覆われた男根状の独特な花房を成長させるのです。そして紫色の苞を1枚ずつめくり上げて、フリルのスカートをつけた十数本の筒状の雌花を露出させます。その1つ1つが、受粉を介さずにバナナの実になっていくのです。それらは人間の「手」のような形で幾重にも重なって成長していきます。1本の花房には数百本の実がつき、大きなスーツケース並みの重さになります。開花途中の花軸はだらりと垂れ下がり、ミニチュアのバナナたちも下を向いていますが、そのまま地面に向かって伸びるのではなく、太陽に向かって反り返って成長していきます。ですから、バナナの実は湾曲しているのです。3か月かけてじゅうぶんに成長すると、実はようやく熟して甘くなり、皮にある緑色の葉緑素が分解されて魅力的な黄色に変わります。奇妙にも、このプロセスで生じる副産物のなかに紫外線下で青色に見えるものがあり、そのためバナナは太陽光の下でいっそう目を引くのだと考えられています。紫外線に適度に照らされたナイトクラブで、熟したバナナが青白く光るのを見るのも乙なものです。

　インドは世界一のバナナ生産国で、その大半は国内で売られています。バナナは実（じつ）に多種多様で、食感や、甘味や酸味、形状や模様の異なる品種がたくさんあり、色も黄色はもちろん、あずき色や暗紅色、深紅色のものさえあり、果肉がピンク色のものまであります。しかし世界貿易のほとんどすべてを占めているのは、主にエクアドルやフィリピン、中米で生産され、ありきたりだけれども輸送

に耐えられる「キャベンディッシュ」というたった1品種です。遺伝的に同一な1品種への依存は危険です。どんな病害虫であれ、もし1株が冒されればすべてが影響されかねません。実際、キャベンディッシュは化学物質に守られて非常に大切に育てられている作物の1つですが、現在、壊滅的な被害をもたらすパナマ病の世界的な広がりに脅かされています。

　すべてのバナナが実を採るために育てられているわけではありません。フィリピンでは同属のアバカ（*Musa textilis*）がマニラ麻の原料となっており、その丈夫な繊維はロープやマットにするだけでなく、ティーバッグや「マニラ」封筒〔訳注：アバカ製の丈夫な茶封筒〕など、官僚主義の砦を守るのにさえ使われています。中国南西部ではチユウキンレン（地湧金蓮、*Musella lasiocarpa*）が地味な実をつけますが、星形の見事な花はハスの花によく似ており、仏教徒に神聖視されています。茎は発酵させると酒になり、新鮮な樹液は好都合にも二日酔いの治療薬になります。原産地のエチオピア南西部の冷涼な高地にそびえ立つエンセーテ（*Ensete ventricosum*）は、灰色がかった藤色の苞がめくれると燃えるような橙色が現れる、畏るべき花房をつけます。種子が多く果肉のない実はほぼ食べられませんが、洪水や干ばつに強いエンセーテは、別の方法で2,000万人のエチオピア人が頼りとする主食をもたらします。茎の内部を叩いて葉で包み、土中で数か月間発酵させると、コチョ（kocho）という酸っぱいペーストができるので、それを保存しておけば、必要なときに栄養豊富な薄いパンを焼くことができるのです。そのブルーチーズのような臭いには狼狽させられますが。

　ところで、独特なユーモアがつきまとうバナナですが、皮で足を滑らすドタバタ劇や、幼稚な下ネタ、あるいは冷えたランチ代わりとして扱ってよい存在ではありません。インドでは、ナツメヤシ、蜂蜜、粗黒砂糖、スパイスで作るパンチャムルサムというバナナのデザートが寺院への供物にさえなっていますし、インド以外の場所でも、バナナをバターと黒砂糖とたっぷりのラム酒でソテーし、クリームをぽってりと添えたバナナフランベは、どんな人の心のなかにもいる「子ども」にとって、憧れの大人のお菓子であることは間違いありません。

Musella lasiocarpa

Ensete ventricosum

Ensete ventricosum

Musa textilis

バングラデシュ
タイワンコマツナギ
（マメ科コマツナギ属）

Indigofera tinctoria

タイワンコマツナギはマメ科特有の花と莢（さや）をつける灌木で、花はピンク色や紫色、莢はカイゼル髭のように気持ちよくカーブしています。左右対称に並んだ葉からは、アイザック・ニュートンが17世紀半ばに虹の色に名前をつけたときに、青と紫の間に設けた特別な色──藍（インディゴ）──の染料が得られます。

　その染料は、すり潰した葉を水に浸して発酵させ、そこに空気を送り込んで酸化させ、できた泥状のものを乾燥させて作ります。染色の際には、粉末にした染料をアルカリ性の物質（木灰など）と一緒に水に加えますが、その溶液は面食らうほど色を失います。でもひとたび桶から布を引き上げて、空気にさらせば……じゃじゃ～ん！　驚くほど鮮やかな色が再び現れるのです。

　インディゴという名称は、インドを意味する古代ギリシャ語に由来します。インドでは4,000年以上にわたって藍（インディゴ）を使用してきました。その「インドの染料」は、紀元1世紀には地中海沿岸では見慣れたものとなり、15世紀に海上貿易が激増すると、その地域での商業的重要性が高まりました。しかしこの時代、北欧では青色の繊維染料の原料としてホソバタイセイ（別名ウォード、*Isatis tinctoria*）が使われ、利益を上げていました。どちらの植物からも同じ藍の色素が採れますが、ホソバタイセイからはそれほど多くは採れません。ホソバタイセイ農家と保護貿易主義の欧州政府の奮闘むなしく、インドのインディゴ染料の流入は止まらず、ホソバタイセイはインディゴに取って代わられたのです。

　19世紀の英領インドでは、インディゴが富をもたらす輸出品となりました。悲しいことに農民は、英国人の農園主や地元の中間地主であるザミーンダールに残酷なまでに搾取され、それは1859年にベンガルで起きたインディゴの反乱へとつながりました。反乱は1万人を超える人々が集結した規律ある非暴力のデモで最高潮に達し、その成功はマハトマ・ガンディーに影響を与えたとまことしやかに伝わっています。

　1896年までにはインドの約6,800km^{2}の土地にタイワンコマツナギが植えられました。しかし翌年、ドイツの化学会社BASFが石油化学製品をもとに合成インディゴの実用化に成功すると、どこか聞き覚えのある歴史が繰り返されて、インドの貿易は崩壊しました。今ではほぼすべてのインディゴ染料が合成インディゴとなり、その大半がデニムの染色に使われています。しかし過去とさらに共鳴するかのように、バングラデシュ──かつての東ベンガル──では、現在、天然インディゴの零細産業が成長しつつあり、小規模な輸出市場を支えています。

ダイズ
（マメ科ダイズ属）
Glycine max

ダイズはおよそ5,000年前に中国東北部で栽培が始まり、紀元100年頃まで
には東アジアで一般的な食料となりました。しかし西洋に到達したのはよ
うやく18世紀になってからで、第二次世界大戦によって中国の大豆油の輸出が
止まり、北米で大規模な栽培が始まった1940年代までは、単なる珍奇な植物で
しかありませんでした。ダイズは現在、米国、アルゼンチン、ブラジルを中心に
120万km^{2}以上の土地で栽培されています。特にブラジルでは、生物多様性に
富むだけでなく炭素の隔離もする、広大な熱帯雨林を置き換えてきました。世
界にダイズを輸出してきた中国は、今や世界最大の輸入国です。

　人の腰の高さほどに生い茂るこの植物は、葉と茎が触り心地のよい柔らかな
うぶ毛で覆われており、ヴァンダイク・ブラウン〔訳注：17世紀の画家アンソニ
ー・ヴァン・ダイクが好んだ赤みのある灰茶色〕からペールグレー（淡い灰色）に
至るその色は、栽培品種を表す略称として使われてきました。花は薄紫色や淡
いピンク色や白色で、蝶のような形をしており、耳たぶのようなぷっくりした花び
らが前に突き出ています。莢は数個まとまって生え、それぞれの莢には麦わら色
や若草色の種子、すなわち大豆が入っています。マメ科植物であるダイズの根
には細菌（根粒菌）がおり、土中の空気から吸収した窒素を使って肥料を作り
だします（28ページのクローバー参照）。ダイズやエンドウマメなどのマメ科植物
は、アミノ酸——ヒトを含む動物が、生体組織の基本構成要素であるタンパク
質を作るのに使う窒素化合物——の貴重な供給源です。ダイズは消化を妨げる
物質を含むため生食はできませんが、最も栄養価の高い植物性食品の１つ
で、油を豊富に含んでおり、マメ科植物のなかでも特に優れたタンパク源です。

　世界人口の増加に伴い、タンパク質と油脂の需要が急増するなかで、ダイズ
はスーパー作物となってきました。世界で生産されるダイズのおよそ3/4が、窒
素が大好物のトウモロコシ（182ページ）とともに家畜の餌となっており、その肉を
最終的に私たちが食べています。このような方法は、私たちが直接それらの植
物を食べたり、家畜の肉の代わりにさまざまなマメ科植物や穀物、ナッツや野
菜を食べたりするのに比べると、嘆かわしいほどに非効率です。すべてのダイズ
のおよそ1/5が食用油に加工され、人間が直接食べているのはたった1/20だけ。
その大半が東アジアで消費されています。そこでは仏教による菜食の影響によ
り、発酵と凝固を積極的に活用してダイズをおいしく消化しやすくしてきました。

　発酵を行うと、細菌やカビ、酵母に含まれる酵素の働きにより、複雑な有機

分子がより単純な化合物に分解されます。おそらく最もよく知られている例は、果物や野菜の糖分からアルコールを生成することでしょう。ダイズも発酵させると消化しやすくなったり、食欲をそそる旨味が生みだされたり、菜食主義者の食事に不足しがちなビタミンB_{12}が合成されたりします。最も広く消費されている大豆製品は醬油で、そのグルタミン酸は旨味調味料の役割を果たします。甘く濃厚な「たまり」醬油が好みであれ、より塩分の濃い「薄口」醬油が好みであれ、伝統的な発酵によって醸造された醬油は探し求めるだけの価値があります。「ケミカルソイ（化学大豆）」とあけすけに称される加水分解植物性タンパク質をベースにした安価な醬油は、味に複雑な奥行きがありません。

　味噌は日本の発酵食品です。米あるいは大麦に麴菌を植えつけた後、この「発酵のスターター（味噌麴）」を塩や水とともにすり潰したダイズに加え、大樽に詰め込んで1年以上熟成させるとできあがります。お湯に味噌を加えると、栄養が手軽に摂れて非常においしいだけでなく、浮遊粒子が見事に規則正しく対流するさまが見られます。何もないところから魔法のように湧き出る様子は、深く静かに観察するに値します。

　豆「乳」を作るには、細かくすり潰したダイズをお湯で煮て漉せばよく、それだけで栄養価の高い、油とタンパク質の乳濁液ができます。これをもとにチーズに似た豆腐を作ります。豆腐は動物の乳の代わりに豆乳を凝固させたもので、中国の市場ではとんでもない大きさの塊で売られています。東アジアの食生活や文化における豆腐の重要性は、他の地域におけるチーズや肉のそれに匹敵します。その驚くほど多彩な食感や繊細な味わいと、白いカンバスのようにどんな大胆な味にも染まるところが好まれています。

　ダイズは、豆のままであれ、発酵させたものであれ、凝固させたものであれ、用途の広い素晴らしい食品です。特に私たちの肉の消費量を減らすのに役立つとなれば、なおのことです。

中国
マダケ
（イネ科マダケ属）

Phyllostachys reticulata（以前の学名は *P. bambusoides*）

サトウキビ（156ページ）は驚くほど丈の高い草かもしれませんが、世界各地の特に温暖多湿の気候で見られる1,200種ほどのタケ——世界最大の草——の多くに比べれば、かわいらしいものです。中国原産のマダケには畏怖の念すら覚えます。地下茎は一部を地上に露出させながら同心円状に広がっていき、そこから垂直に伸び上がっていく「稈」〔訳注：イネ、ムギ、タケのように中空で節のある茎〕は、理想的な条件下では１日に1m以上も成長して、空高く25mもの高さに達します。稈の太さは人の手のひらほどの幅があり、規則的な間隔でわずかに膨らんでいる節を除けば、全長にわたりほぼ一定です。静寂に包まれ、平行に並んだ稈が空へと一様に立ち上がる竹林は、大聖堂のように心が落ち着くと感じる人もいますし、広大な自然の檻に閉じ込められているような居心地の悪さを感じる人もいます。

　成熟して黄金色になる前のエメラルドグリーン色の新しい稈は、この世のものとは思えないほど完璧です。頑丈で艶やかな表面は菌類や昆虫をほぼ寄せつけません。多くのタケは砂の主成分であるシリカ（二酸化ケイ素）を蓄積させて稈の強度を上げ、草食動物に食べられないようにしており、なかには斧で打つと火花が飛び散るほどシリカを蓄えるものもあります。いくつかの種ではシリカが節に溜まり、それはタバシーア〔訳注：日本語では「竹みそ」ともいう〕と呼ばれる、オパールのようにきらめく乳白光色で半透明の硬い塊になります。反射光には瑠璃色にゆらめくのに、背後から光を当てると鮮やかな黄色や濃い黄色を放つタバシーアには、当然ながら魔力があるとされてきました。インド、中国、アラビア半島で取引されてきたタバシーアは、伝統的な東洋医学で咳や喘息の治療薬として、また解毒剤として、そしてなんと、なんと、媚薬としても使われてきました。

　タケは通常、地下茎による無性生殖で自らのクローンを作りますが、ごくまれに——マダケの場合は数十年を経て〔訳注：一般的には約120年といわれる〕——花を咲かせます。花といっても、ちっぽけで目立たない多数の花が集まった、黄褐色やカーキ色の地味な房で、注目に値するのはその希少性だけです。タケは大量の種子を作ると衰弱し、枯れてしまうこともしばしばです。しかし何より驚かされるのは、一部の種のタケは世界のどこにいようが、遺伝情報が同じである限り、すべての個体が一斉に開花することです。年老いた親タケの一部を切り、株分けして成長した若いタケでさえ、親と一緒に開花して枯れる可能性があ

るのです。１つの竹林のすべてのタケが開花を同期させるなんらかの方法があるのだろう、と思われるでしょうが、タケの生物時計がこれほどの長期にわたり、いったいどのように機能して大陸全域での一斉開花を引き起こしているのかは、植物学上の楽しいミステリーです。とはいえタケが一斉に開花して竹林の衰退や枯死が起これば、タケは不足して価格が上昇しますし、その突然の開花と結実はネズミの個体数を激増させるので、その後は当然、飢饉と病が続きます。非常に珍しいタケの開花は、案の定、多くの文化で凶兆とされています。

　開花に比べれば、材料としてのタケの科学は神秘性には劣りますが、それでも格別です。稈は本質的には中空の管〔くだ〕であり、重さの割にきわめて強靭です。その管は、縦方向に繊維がハニカム構造で走っており、しかも最も強い繊維が外縁部に配置された奇跡的な作りになっています。それだけでなく、繊維自体もさらに微細な「原繊維〔フィブリル〕」が交差した多層構造で構築されています。タケはこの複雑な構造によって、途方もない引っ張り強さと、座屈〔訳注：長い棒や柱などが縦方向に圧縮荷重を受けたときに、ある限度を超えると横方向に曲がる現象〕に対する並外れた耐性を獲得しているのです。

　マダケが身近にあったからこそ、中国の人々は早々と、橋や灌漑の装置、液体を運ぶパイプライン、消火用の水鉄砲を作りだしました。竹製の小舞〔訳注：格子状に組むなどして塗り壁や屋根の下地にする薄く細長い木片〕は自動機械〔オートマタ〕や機械玩具のばねになり、彫りを施したタケは製粉所の丈夫な歯車になりました。その並外れた特性は、中国以外での発明をも可能にしました。1882年にトーマス・エジソンは、炭化させたタケの繊維が電球のフィラメントを作れるほど丈夫なことを、世界で初めて発見しました〔訳注：エジソンが京都のマダケをフィラメントに使い、約1,200時間の点灯に成功したのは1880年のこと。1882年はエジソンが世界初の電灯会社を設立し、ニューヨークで電灯事業を開始した年〕。タケは成長が速いうえ、軽くて強靭で加工が容易という特性から、今では質素な箸から家具や建築物に至るまで、多種多様な用途のために栽培されています。マダケは限りなく再生可能な構造材料であり、多くのアジア諸国では稈を一度に数百本、あるいは数千本も連結させ、高層ビルの建設足場にしているのをよく見かけます。それらは頑丈なのに見惚れるほど有機的で、現代的な高層ビルのとげとげしい直線とはきわめて対照的です。

　タケは東アジアの精神に深く根づいています。タケの葉を描きだす墨絵には、中国と日本の書道の優美な筆遣いと同様の高度な技術が求められますし、無自我を象徴する深編笠をかぶった虚無僧が奏でる、日本の尺八の優美で物悲しい短調の調べは、竹林を通り抜ける風を思い起こさせます。そしてタケという植物がなければ、野生生物保護の世界的なシンボルとなった、ほぼ完全菜食主義を貫く特異な熊――ジャイアントパンダ――はおそらく現れなかったでしょう。

日本
スサビノリ
（ウシケノリ科アマノリ属）

Pyropia yezoensis

ス サビノリは日本の重要な食用作物です。空から見ると、九州沿岸の養殖場が描きだす美しい不思議な抽象模様が、まるでキルトの縫い目のように続いています。うんと近づくと、スサビノリの繊細な暗紫色の葉状体が、半透明のハンカチのように揺らめいています。その厚みは細胞1つ分しかありません。

　乾燥させたシート状の海苔（板海苔）を作る伝統は、18世紀に日本で和紙作りにヒントを得て始まりました。収穫したノリを細かく刻んで紫色の懸濁液にし、それを海苔簀にのせて乾燥させ、層状に重ねます。この工程とその後の焼きにより、赤みを帯びた色素の一部が分解され、葉緑素の緑色が表に現れます。最終的な色合いを左右するのは、ノリが育った海水の温度とミネラルの含有量の絶妙な匙加減と、収穫後の加工の違いです。最高級の海苔は信じられないほどの艶があり、想像できうる最も深い緑色を帯びています。寿司を包んだり、麺の上に散らしたりして食べると、海苔は口のなかでパリパリと砕けながらとろけ、陸と海の両方の旨味がいっぱいに広がります。

　かつてノリは、自然界からかき集めるか、冷たい浅い海で竹竿に張った網から収穫していました。まるで魔法のように成長するノリがいったいどこからやってくるのか、誰にもわかりませんでした。陸上の植物とは異なり、種子や幼苗があるようには思えなかったからです。収穫量が常に予測不可能だったため、ノリは長い間「ばくち草」と呼ばれ、1940年代後半にその収穫は壊滅状態に陥りました。

　その頃、はるか遠くイングランドのマンチェスターでは、科学者のキャスリーン・ドリュー＝ベーカーが、スサビノリの近縁種である「ラーヴァー」の生活環を調べていました。英国のウェールズではこのラーヴァーを採集して煮詰め、ラーヴァーブレッドと呼ばれるなぜだが有名な海苔のペーストを作っていたのです。大学の方針により既婚女性は研究職のポストから締めだされていたため、ドリュー＝ベーカーは無給で仕事を続け、1949年に決定的な発見を発表しました。それは、貝殻のなかに見られるピンク色の泥のような謎めいた微生物が、実はノリの確たるライフステージの1つ〔訳注：ノリの一生のなかの、糸状体と呼ばれる夏の姿〕だったというものです。この知見とバトンを受け継いだ日本の科学者たちは、そのピンク色の泥が成長する貝殻が、台風と農業排水のせいで海底から消えていたことに気づき、信頼できるノリの養殖方法を考えだしました。今ではピンク色のノリの胞子は厳格な管理のもと、巨大な海水プールのなかに吊るされた牡蠣の殻の上で育てられています。成長した胞子はその後、プールに浸した網にくっつ

けられて、海に移されます。するとわずか6週間でノリの収穫が可能となるのです。英国ではほとんど無名のドリュー゠ベーカーは、日本では海苔産業を救った女性として称えられ、親しみを込めて「海苔養殖の母」と呼ばれています。

　ノリを含む海藻類は、海中の流れに身を任せ、繰り返し収縮するように進化してきました。それらは寒天などのゼリー状物質──医学研究で細菌や菌類の標本を培養するのに使うゲル──の貴重な供給源となっています。さらに心惹かれるのは、海藻から作られる寒天が、もっちりした食感の日本の和菓子に使われていることです。季節の移ろいを表現する和菓子は、かつてノリ自体がまさしくそう思われていたように、儚く神秘的です。

日本
キク
（キク科キク属）
Chrysanthemum spp.

キクはバルカン半島から日本に至る地域が原産地ですが、大半は極東で進化し、中国では少なくとも2,500年にわたって栽培されてきました。ヒナギクを見ればわかるように、キク科の花は中央にごく小さな花が多数集まり、その周囲に「舌状花」が放射状に広がっています。またほとんどの品種は夜の暗闇が少なくとも10時間半以上になると花芽をつけるため、晩秋に温かな彩りを添えてくれます。キクは一重咲きや八重咲きのもの、花びらが平たいものやくるりとカールしたもの、さらには植物界のプードルともいうべき球形のポンポンマムなど、数え切れないほどの色や形が作りだされてきました。

　有益な種もあります。たとえばバルカン半島のダルマチア地方原産で、黄色い中心部から真っ白な舌状花が放射状に広がるシロバナムシヨケギク（*Tanacetum cinerariifolium*）や、コーカサス地方原産で鮮やかな赤紫色の舌状花をもち、「ペインテッド・デイジー」とも呼ばれるアカバナムシヨケギク（*Chrysanthemum coccineum*）です。それらの頭状花や果実には、生分解性で哺乳類には無毒だけれども、昆虫には神経毒として瞬く間に（悲しいことに無差別に）作用するピレトリンが含まれており、殺虫剤の製造に使われます。またこれらのキクはアブラムシを阻むとともに、それらを捕食するテントウムシなどの益虫を引き寄せるフェロモンをだします。

　世界的にキクは切り花としてバラに次ぐ人気を誇りますが、すべての文化で等しく喜ばしい意味をもっているわけではありません。ニューオーリンズや東欧の一部、また特にイタリアでは、それらは哀悼や服喪と関連づけられます。他の場所では幸福の意味合いがありますが、極東ではとりわけ縁起のよいものとされ、若返りと長寿に関連づけられた楽観的なモチーフとなっています。中国の伝統的な絵画では、キクは（梅、蘭、竹とともに）「高貴な種」とされる「四君子」の１つです。日本では最高位の勲章を菊花章と称しますし、皇室の家紋を始め、随所で目にする菊花紋は、こよなく愛されるこの花を表しています。秋には菊祭りが開催され、１本の茎におびただしい数の花を咲かせて滝やドームの形に仕立てたキクが、一堂に会します。またコンピュータゲームのキャラクターを模した少しばかり衝撃的な菊人形が、歌舞伎のヒーローの隣に並んでいたりして、それらはキクの花びらを浮かべた静謐で優雅な菊酒とはとても対照的です。伝統と現代性とを結びつけたそのような祝祭はきわめて日本的なものであり、自然に対する敬意とともに、自然を造形したいという願望が込められています。

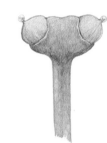

イチョウ
（イチョウ科イチョウ属）

Ginkgo biloba

颯爽として威厳に満ちたイチョウは、樹齢1,000年を超すこともある高木です。秋になるとまごうことなき唯一無二の扇形の葉が、鮮やかなオウムの羽のような緑色（パラキートグリーン）から驚くほど深みのあるカリンの実のような黄色（クインスイエロー）に変わります。その色は、太陽の紫外線を可視光線に変えて放つ蛍光発光によりいっそう輝きを増し、老いゆく葉に最期のきらめきを与えます。裸子植物には珍しくイチョウは落葉性で、一斉に葉を落とすので、幹はまるで黄金の海を渡る船のマストのように見えます。野生では中国南部のターロウシャン山脈の一部にのみ自生していると考えられていますが、幸いなことにイチョウは1,000年以上前から、日本の神社仏閣や、中国や韓国の仏教寺院に植えられ、大切に守られてきました。そこでは今でも神聖視され、当然ながら長寿と関連づけられています。

　もしイチョウを失ってしまっていたら、植物学上の大惨事だったことでしょう。化石記録によれば、イチョウは２億年前にはすでに進化を遂げていた驚くべき「生きた化石」なのです。しかもイチョウは、かつて世界の植生のなかでかなりの割合を占め、約6,500万年前に恐竜とともにほぼ絶滅した植物界の１大グループで唯一の生き残りでもあります。今では植物界の大半を、裸子植物とその後に進化した被子植物が二分しています。

　雌雄異株のイチョウは、裸子植物と進化的にはそれよりはるかに原始的なシダ植物の名残が組み合わさった奇妙な植物です。春になると、雄株に小さく垂れ下がった雄花から花粉が風に乗って運ばれ、運がよければ、雌花の先端にある緑色のミニチュアのどんぐりのような部分——胚珠——からぷっくり滲み出た小さな滴にくっつきます。すると花粉は滴とともに内部に引き込まれ、栄養分を吸収する管を伸ばします。およそ５か月後、花粉から成長した袋が破れて精子が放たれ、直径1/10mmに満たない球形の精子は、繊毛を力強く動かして受精の旅を突き進みます。受精後、胚珠は種子とそれを包む多肉質の部分に成長します。それは小さいあんずに似ていて魅了されますが、その匂い、特に熟れすぎたものを足で踏み潰したときの匂いときたら強烈で、腐ったバターのようだとオブラートに包んでいわれますが、もっと正確にいうと、嘔吐物と犬のうんちが混ざった臭いです。養樹場では、雌株を避けるため、つまり将来の苦情を回避するため、都会向けの若木には雄株の葉芽だけを接ぎ木します。

　腐敗臭を放つ多肉質の部分を洗い流すと、大きなピスタチオのような硬い殻が残ります。それを乾燥させ、ひびを入れて取りだした中身を茹でたり炒ったり

すると、得も言われぬ翡翠色に変わり、栗のような味がします。酒の肴として供されたり、東南アジア料理のレシピに登場したりするその「木の実」には、注意が必要です。「ギンコトキシン」と想像力豊かに名づけられた毒〔訳注：ginkgotoxin。英語でイチョウ（ginkgo）と毒（toxin）を合わせただけの単純なネーミングに対する皮肉〕が含まれていて、特に子どもは一度にひとつかみ以上食べてしまうと、胃の不調やめまい、痙攣さえ起こす可能性があるのです。ぎんなんを最高に楽しむには、日本式に炒って松葉串に刺したものを数粒、イチョウの美しさや連綿と続く壮大な系統に思いを馳せながらいただくのがいちばんです。

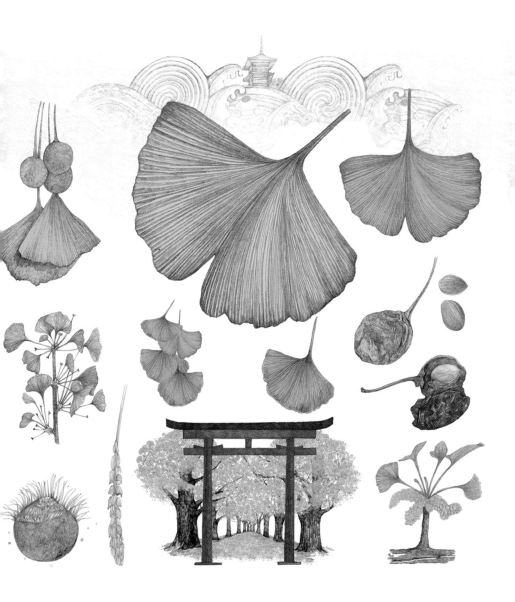

Zingiber spectabilie

Zingiber officinale

タイ

ショウガ
（別名ジンジャー、ショウガ科ショウガ属）

Zingiber officinale (and *Z. spectabile*)

ショウガ属にはおよそ150種があり、その大半は南アジアと東南アジアの多湿の常緑樹林が原産地です。花の部分、つまり花序はたいてい松かさに似た珍妙な装置のようで、それは葉を茂らせる主要部とは別に、地面から直接現れる花茎の先端についています。ショウガの小花はじれったいことに一度にたった１つか２つしか咲きません。それは指ぬき大の黄緑色の花で、赤紫色の下の花びらが前に突きだしています。一風変わった近縁種に観賞用のオオヤマショウガ（*Zingiber spectabile*）がありますが、その花序はぎょっとするほど人工的な構造と仕上がりで、まるでラジオのアンテナか、プラスチック製の火かき棒のレプリカのようです。淡いベージュ色からあらゆる夕焼けの色彩へと移り変わるそれは、植物園の風変わりな呼び物となっています。

ショウガ属の多くの種には魅力的な香りをもつ肥大した地下茎（根茎）があり、それは香味づけや香料に、また民間療法でも使われています。ショウガの根茎は、皮は薄いコルク質、中身は淡黄色で、肉づきのよい節くれだった人の手によく似ています。その「手」を「指」に分けて植えることで何千年も栽培されてきたショウガは、野生には存在しません。

学名の*officinale*というラテン語は「保管室の」という意味で、修道院の薬の保管場所を指します。一部の伝統医学では、ショウガはほぼ万能薬と見なされています。あまりにも幅広く使われているために特許薬としての商業利用が難しく、科学的な検証はじゅうぶんではありませんが、吐き気や痛み、消化不良、風邪の諸症状を緩和する効能は、臨床証拠で確かに裏づけられているようです。ショウガにピリッとした好ましい辛味をもたらす化学物質は、特に口内などの粘膜に触れるとヒリヒリした刺激に変わります。「ジンジャーリング」と呼ばれる慣習では、不埒な馬商人がとぼとぼ歩く商品を快活に見せるため、ショウガという不快な「蹴り」を尻ではなく尻の「穴」に入れて、馬を食い物にしてきました。

ショウガには甘いレモンのような香りがあり、ひと噛みすると、ほのかなかび臭さと、直後に温かさを感じます。アジア料理にショウガはつきものですが、ヨーロッパではプディングやケーキやクッキー、飲み物など、甘いものに加えられます。またジンジャーワインの風味づけにも使われ、血行を促し、吐き気を抑えるその力は、北の海のアマチュアの船乗りたちに愛されてきました。ジンジャーワインとウイスキーを合わせたウイスキーマックは、寒い外洋では深い満足感と元気を得られるカクテルですが、それ以外の状況ではやめておきましょう。

インドネシア
ココヤシ
（ヤシ科ココヤシ属）

Cocos nucifera

　ココヤシはいわば常夏の楽園暮らしの象徴です。この多年生植物は、食料、住まい、燃料、繊維、家庭用品、調理器具、薬、軟膏だけでなく、煮詰めれば濃厚な粗黒砂糖（ジャッガリー）になり、発酵させればパームワイン（68ページのギニアアブラヤシ参照）になる甘い樹液など、最小限の労力をかけるだけで人間のニーズを幅広く満たしてくれます。ココナツ（ココヤシの実）は太平洋や東南アジアの言語のなかに品種や微妙な成熟段階に関する特殊な用語があるほど、地域の文化に深く根を下ろしています。原産地はフィリピンから太平洋南西部に至るどこかにあるとみられ、先史時代には大海原を渡るオーストロネシア系諸族の手も借りて各地へと広がりました。以来、ココヤシは熱帯全域で植えられ、現在ではインドネシアが世界最大のココナツ生産国となっています。

　海岸ですらりと優雅なカーブを描き、樹高30mに達するココヤシの灰色の幹は、他の植物の陰を避けようとしてよく水辺のほうへ傾いています。羽根形の葉を威勢よく乱雑に生やした樹冠は、絶えず再生されています。それぞれの葉がおよそ３年で地面にバサリと落ちるたびに、若葉が空に向かって芽吹き、入れ替わるのです。その際に幹に残される波形の葉痕を数えると、樹齢がわかります。樹冠のクリーム色の花穂には、房状の雄花と、球形の雌花の両方がついています。受粉から収穫まではおよそ１年で、その間にココナツの果皮は３層に発達します。それらは外側から、熟すと緑色から褐色に変わる水を通さない外果皮、丈夫な繊維質の中果皮、その内側にできるおなじみの硬い暗褐色の内果皮です。植物学的にいえば、ココナツはオリーブやプラムと同じく、中心の堅い核のなかに種子がある果実、すなわち「核果」となります。

　ココナツが人間にとってとりわけ有益なものとなったのは、この植物が遠く離れた砂浜で発芽できる特性を数多く獲得したからです。たとえば内部を保護し、空気を閉じ込めて浮力を得る中果皮は、ロープやブラシ、玄関マットに使われるコイアという丈夫な繊維となりますが、この繊維は砂の上ではスポンジ状の発根用培地となり、実生の定着を助けます。ありがたいことに、これは園芸で使用する泥炭（ピート）（20ページのミズゴケ参照）の代替品にうってつけです。硬い内果皮の内部には、実生が必要とする栄養分が胚乳に蓄えられていて、それは最初は甘い香りのする液体で、ココナツウォーターと呼ばれています。爽やかな味で広く消費されており、健康ブームに便乗した西洋での価格と比べると、現地での販売価格はばかばかしいほど安価です。ココナツウォーターは干ばつの際に

は計り知れないほど貴重なものであり、また長い航海には不可欠なものでした。1個のココナツにつき500ml以上の液体が、カヌーが転覆しても水に浮く衛生的な「容器」に入っているのですから。ココナツウォーターは、医療の緊急時で他に何もないときには、点滴に使われてきたほど清潔です。

　実が熟すにつれ、内果皮の内部には乳白色の半透明の層ができていきます。ココナツの栽培品種の1つであるフィリピン原産のマカプノは、この内部全体がゼリー状になっていて、スプーンでおいしく食べられます。それを刻んで甘くし、瓶に詰めて、「突然変異のゼリーココナツ」といった魅力的なラベルを貼ったものも売られています。とはいえ大半のココナツでは胚乳は徐々に固まっていき、油分の多い輝くように白い層が内壁を覆います。それを乾燥させたコプラからはココナツ油が採れます。かつて植物油の主要商品だったココナツ油は、のちにパーム油と大豆油に追い抜かれはしましたが、今でも貴重な商品です。

　ココナツは重さ2kgほどで、絶え間なく開花しては結実します。収穫の際はそれらの落下を待つのではなく、猛者たちが木に登って集めます。樹高の低い品種は竹の棒に取りつけた刃で収穫します。困ったことにタイ南部とマレーシアの一部では、ブタオザルを捕獲し、1日に最大1,600個という人間の20倍の速さでココナツを収穫するよう調教しています。

　16世紀にポルトガルの船乗りたちは、3つの発芽孔が顔のように見えることから、その実をココと呼びました。「にんまり笑う」とか、「ブギーマン」〔訳注：魔力をもつ想像上の性悪お化け〕といった意味です。これらの孔の1つから、ココナツの小さな胚は新芽を外へ送りだします。その際、新芽は内部空間を隙間なく満たすクリーム色の球体——ココナツアップル——を介して水と栄養分を吸収し、根を下ろすまでの間、他の植物と張り合います。この林檎（アップル）は市場には出回りませんが、喉の渇きを癒すシャキシャキした食感が魅力的です。でも楽しむならよく考えて。実生のココナツは、食べなければ木に成長し、家族を養ってくれるかもしれないのですから。

　ココナツのなかにはごくまれに球形や洋梨形の硬い「真珠」が入っていて、それをかつて東洋の王子たちはお守りとして大切にしたといわれています。19世紀に有名な科学雑誌がこの真珠の存在を突き止め、分析した結果、確かに本物の真珠と同じ、純粋な炭酸カルシウムであることが示されました。しかし植物の内部にそのようなものができるメカニズムは知られていないので、ひょっとすると研究者はオオシャコガイから作った「真珠」を摑（つか）まされたのかもしれません。

　今日では多くの文化でこの実がまるごと、幸運と豊饒を象徴するものとなっており、ヒンドゥー教の宗教儀式ではいたるところで供物に使われています。これほどふさわしいものはないでしょう。魔法のようなココナツは、世界でおそらく最も有益な木の産物なのですから。

ラフレシア・アルノルディイ
（ラフレシア科ラフレシア属）

Rafflesia arnoldii

ラフレシア・アルノルディイは、ボルネオ島と近隣のスマトラ島の一部に生育する非常に珍しい寄生植物で、根も茎も葉もなく、その生涯の大半を宿主全体に巧妙に入り込む微細な糸になって暮らします。宿主となるつる植物のミツバカズラ属（*Tetrastigma*）から水分と必要なすべての栄養分を吸収しますが、害はまったく及ぼさないようです。実際、両者はとても親密で、ラフレシアはつる植物の遺伝子構造の一部を同化させているほどです。ひょっとするとそのおかげで、この寄生植物は拒絶されにくくなっているのかもしれません。

ごくまれに、ラフレシアはつる植物の壁を突き破って、新芽を外に送りだします。それは林床で1、2年をかけて膨らみ、キャベツに似たつぼみになると、ついにわずか数日で爆発的な成長を遂げ、直径1m、幼児1人分の重さに相当する、単体では世界最大の花を咲かせるのです（よく世界最大の花と称されるショクダイオオコンニャクの花は、実際には多数の花が集まったものです）。赤さび色のまだら模様の5枚の巨大な花びらが、ぽっかりと口を開けた異様に不自然な円盤を取り囲んでおり、その口は誘い込むように温かく、腐肉の臭いを漂わせます。これは大きな死骸をまねたもので、ラフレシアは何の報酬も与えませんが、ラフレシアが受粉を頼るクロバエにとってはたまらなく魅力的なのです（47ページのデッドホースアルム参照）。

とはいえ、ラフレシアの暮らしは楽ではありません。つぼみはヤマアラシやマメジカの餌食となりますし、その独特な雄花と雌花は数日しか咲くことができず、受粉を成功させるには、その両方が同時に、しかもクロバエが飛行できる範囲で開花しなければなりません。そのわずかなチャンスを増やすため、雄花は数週間受粉が可能なべたべたした花粉で来訪者を包みます。もし奇跡的に受粉がかなうと、雌花の下で果実がゆっくりと成長していきます。握りこぶし大の果実には小さな種子が数万個も入っていますが、ラフレシアが種子をどのように散布するのかはまだわかっていません。ツパイ〔訳注：東南アジアに分布するリスに似た小型哺乳類〕がそれらを飲み込んで排泄しているのかもしれませんし、種子にある油分の多い突起部に魅せられたアリが、種子を持ち去って地中の巣にしまい込み、そこから発芽して隣接するつる植物の根に入り込むのかもしれません。

ラフレシアは自生地の消失により、絶滅の危機に瀕しています。皮肉なことに、繁殖力の弱いラフレシアに追い打ちをかけているのは、この植物を昔ながらに産後の女性向けの強壮剤や不妊症の治療薬として売っている密猟者です。

ニクヅクは樹高20mに育つ非常に成長の遅い木で、インドネシアのマルク諸島の多湿な熱帯林が原産地です。そこはかつて、スパイス諸島、あるいはモルッカ諸島と呼ばれていました。花は淡色で目立ちませんが、可憐な壺形で香りがよく、果実はテニスボール大で黄色っぽくまだら模様があります。1本の木は1シーズンに数千個の果実をつけます。その内部にある艶やかな殻に包まれた、しわの寄った「仁」が、かの有名なスパイス、ナツメグです。風味は格別で、温もりを感じる木の香りはまさに唯一無二のもの。その芳しい香りは、精油が含まれた仁の複雑な模様をすりおろすと、いっそう強まります。

艶やかな種子は、仮種皮と呼ばれる水分の多い官能的な血赤色のレースに覆われており、それを肉厚の果皮が包んでいます。そのため果実が熟して果皮が割れると、けばけばしい仮種皮が露わになります。それはパプアソデグロバトにとって魅力的なスナックで、彼らはそのお礼に種子を散布します。仮種皮は乾燥させると赤みを帯びたベージュ色の、メースという香辛料になります。風味はナツメグよりも穏やかで複雑です。

ナツメグは2,500年前にはすでにインドに到達しており、古代エジプトでも知られていました。13世紀にアラブの貿易商によって初めてヨーロッパに大量に持ち込まれましたが、彼らは200年にわたり供給源を隠しとおしました。ナツメグは高価で魅力的なものでした。味気ない食べ物をおいしくするのはもちろん、お守りとして身につけると、疫病を避けたり、治したりするとさえ信じられていました。1510年にレオナルド・ダ・ヴィンチは、イタリア北部のパヴィーアへの旅の備忘録に「ケースつき眼鏡、ペンナイフ、紙、手術用のメス。頭蓋骨を入手。ナツメグ」と記しています。当時、ヨーロッパのナツメグ貿易を支配していたのはポルトガルでしたが、その独占はオランダに引き継がれ、オランダはそれを容赦なく守り抜きました。ナツメグの窃盗や不法栽培や販売には死刑を科したり、他の場所で発芽しないように、輸出するすべてのナツメグを石灰で処理したのです。

17世紀初頭、英国はナツメグの産地の1つ——現在のバンダ諸島に属するラン島——を手に入れましたが、最終的にはオランダに追いだされ、オランダはその島のニクヅクを壊滅させました。1667年、英国は北米の取るに足らないオランダ入植地——マンハッタン島——と引き換えに、ラン島の所有権を放棄しました。

18世紀には、ナツメグは味気ない食べ物をおいしくするだけでなく肉欲を刺激するという噂が流れ、ヨーロッパの紳士はナツメグを収納できる銀製や木製の専

用すりおろし器をポケット入れて持ち歩きました。ナツメグの需要は急増し、当然、価格も高騰し、ついに1770年頃、ピエール・ポワブルというにわかに信じがたい名前〔訳注：ポワブル（poivre）はフランス語で胡椒の意味〕のフランスの植物学者がナツメグを密かにモーリシャスへ持ちだして、オランダの独占を破りました。この向こう見ずな冒険は、英語の早口言葉「Peter Piper picked a peck of pickled pepper（ピーター・パイパーはたくさんの酢漬けのペッパーをつまんだ）」のおそらく起源でしょう。Piperというのは英語のpepperやフランス語のpoivreに相当するラテン語で、どんなスパイスをも表す略称でした。やがて英国人は大英帝国内にニクズクの苗木を導入しました。そのうちの１つ、カリブ海のグレナダは、今でも世界屈指のナツメグ輸出国です。

　ナツメグは少量なら幸せな温もりを感じさせてくれますが、まるごと１個か２個を一気にとると麻薬のように危険で、幻覚が起きると広く報告されています。とはいえ嘔吐、錯乱、めまい、不整脈などの副作用がきついので、ハイな気分に達しようとすれば死に物狂いになる必要があることでしょう。ナツメグは向精神薬としては最後の手段でしかありません。アフリカ系アメリカ人活動家のマルコムＸは、1940年代に刑務所内でナツメグを使用したことを自叙伝に書いており、のちにナツメグは「悪用」を避けるため、米国の刑務所内の厨房での使用が禁止されました。また学生たちは何世代にもわたり、安上がりに「ナツメグ・ハイ」に達しようとしましたが、概ね失敗に終わりました。

　ナツメグの最もやりがちな「悪用」は、使用するずっと前に粉末にすることと、長時間加熱することです。どちらの調理「犯罪」も、その貴重な、でも逃げ足の速い風味を台無しにします。ナツメグは、調理の最後にすりおろすべきです。そうすれば、ただのライスプディングも最高のデザートに変わります。

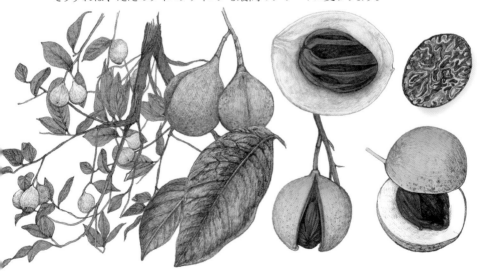

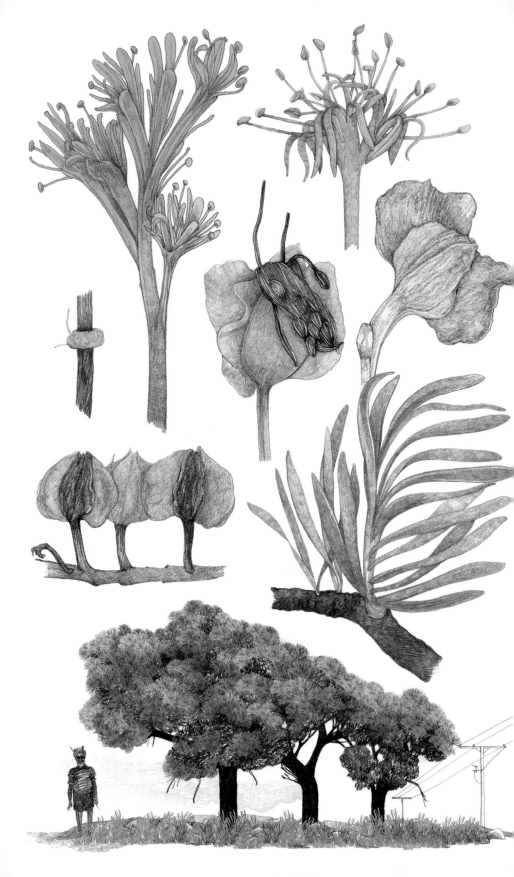

オーストラリア

ヌイトシア・フロリブンダ
（オオバヤドリギ科ヌイトシア属）

Nuytsia floribunda

英語で「Western Australian Christmas Tree（西オーストラリアのクリスマスツリー）」と呼ばれるヌイトシア・フロリブンダは、毎年12月になるとその名に違わぬ活躍を見せます。満開の木はまばゆいオレンジ色のかがり火となり、香りのよい、輝く太陽のようなイソギンチャク形の花をふんだんに咲かせます。大量の花粉と蜜は昆虫や鳥たちを惹きつけ、葉はカンガルーやワラビーの餌となります。

その壮麗な花々の色をいっそう引き立てているのが、野火で黒くなった多層構造の幹です。野火の強烈な熱はヌイトシアの開花を促し、果実の成熟を加速させます。3枚のひだがついた果実は、茶色い種子をまとめてぶら下げ、風がそれらをバラバラにして運び去るのを待ちます。もし種子が根づかなくても、この植物は幹の周辺に出現する新芽から自らのクローンを作ることができます。

オーストラリア南西部に広がる乾燥した不毛の大地で育つというのに、がっしりとして力強く、生気に満ちたヌイトシアは、あり得ないほど珍奇な木です。その秘密は、この植物が世界最大の寄生植物であるということ、つまり水分と栄養分を探しだして隣人から巻き上げる「たかり屋」だということにあります。葉で糖を合成できるので、厳密には半寄生植物ですが、ヌイトシアがバランスのよい食事を獲得する方法は驚くべきものです。

ヌイトシアは探索用の根を、その途中で側根を伸ばしながら、優に100mというけた外れの距離に送ることができるのです。そして宿主候補の根に望みどおりの物質を感知すると、その根にまるで結婚指輪のようなドーナツ形の吸器を成長させ、その指輪のなかで水圧作動式のミニチュアの剪定ばさみを作りだして、鋭利な木質の刃で宿主の根を切り裂きます。ヌイトシアが自らの根系を宿主の植物に接続させれば、強盗は完遂です。偶然にも、ヌイトシアが攻撃を起こすきっかけとなる化学物質は、さまざまなプラスチックにも存在しており、この植物はまるでSF物語に賛同するかのように、地中の電話線を探しだして切断したり、電気ケーブルの絶縁材を損傷したりすることで知られています。それは人間と植物のパワーバランスに対する、ささやかな報復なのです。

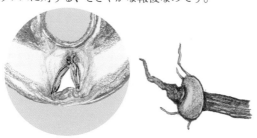

オーストラリア
バルガ
（ススキノキ科ススキノキ属）
Xanthorrhoea preissii

草の「木」（ススキノキ属）は30種近くが存在し、そのすべてがオーストラリアの固有種です。1年でわずかに指の幅ほどしか成長しないため、人の背丈ほどの高さであれば200歳になるでしょう。そのシルエットが槍を持つ先住民の姿に似ているとして、かつては広く「ブラックボーイ」と呼ばれていましたが、その名前は現在では不適切とされています。

「バルガ」という本種の名前は、先住民のニュンガー族の呼び名です。たいてい黒焦げのでこぼこした木の幹のような茎が、ススキに似た樹冠を支えており、オーストラリア南西部の灌木地を決定づける特徴となっています。野火が形作るその生息環境に、バルガはとりわけうまく適応しています。本物の木とは異なり、茎を形成しているのは太く短い葉の基部で、それは内部の生きた組織を守る断熱材の役目を果しています。バルガの密な樹冠は、炎に包まれても、生長点を生き延びられる程度に低い温度に保ちます。またそこは数十種の昆虫や小動物、たとえばつぶらな瞳の小型有袋類でマードとも呼ばれるキアシアンテキヌスにとって、頼りになる避難所になります。

火はグラスツリーの開花を促します。それらは業火の後に真っ先に花を咲かせ、焼野原に生命と色彩をもたらす植物の1つなのです。杖のような花軸が樹冠から垂直に現れ、その上部にほうきの柄ほどの長さと人の手首ほどの太さがある穂状花序〔訳注：花軸が長く伸び、それに柄のない花が並んでいるもの〕を咲かせます。このふてぶてしいバルガの花序には、生クリーム色の華奢な星形の、柄のない小花がびっしりついています。花蜜は昆虫やメジロを引き寄せ、受粉後には丈夫な蒴果ができます。それらは濃い赤褐色で、光沢があり、尖っています。

ニュンガー族は昔から、バルガの多くの部分を利用してきました。それは先住民たちの創意工夫の才と、彼らと自然との持続可能な共存を象徴するものとなっています。花軸は槍にしたり、小花は水に浸して爽やかな飲み物にしたり、ときには発酵させたりします。根元から採れる樹脂（学名の*Xanthorrhoea*は「黄色い流れ」という意味）は加熱して形を整え、斧頭を柄に接着させたり、防水の修理に使ったりします。また、朽ちゆく茎の内部で生息する脂肪分の多いキクイムシの幼虫、バーディ（bardi）は、栄養価の高い伝統的な食材で、焙ると栗の味がします。

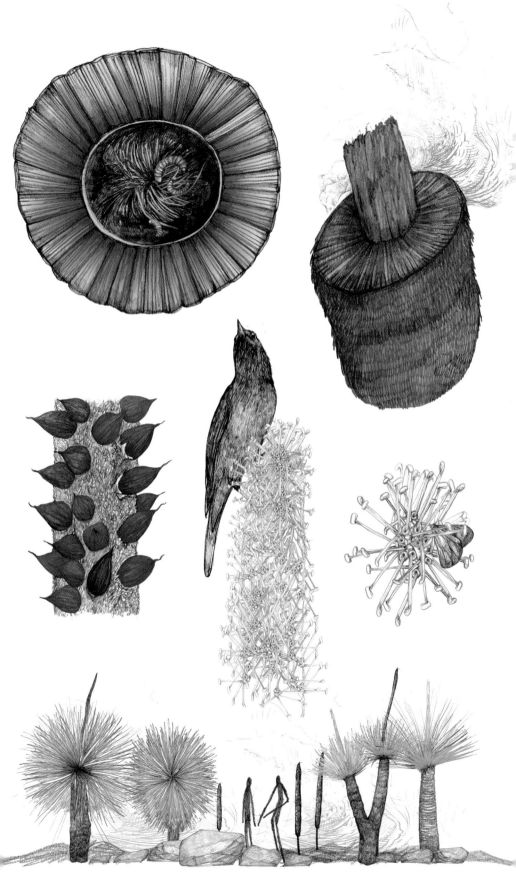

オーストラリア
ケシ
（ケシ科ケシ属）
Papaver somniferum

モ ルヒネやヘロインなどのオピオイド系鎮痛剤の原料となるケシは、小アジア原産の植物で、アフガニスタンは世界最大の非合法生産国です。とはいえケシは、製薬業界に供給するために、トルコ、スペイン、そして特にオーストラリアのタスマニア州の島々にある広大な畑——世界最大の合法生産地——で、厳重な管理のもと栽培されています。

　人の腰の高さほどに成長し、縁がギザギザした青緑色の葉と肉厚の茎をもつケシは、おなじみの赤橙色の無害な近縁種であるヒナゲシと、花の構造はよく似ていますが、もっと頑丈です。淡いライラック色や紫色の花びらは、ティッシュペーパーのように薄くしわしわで、花の中心付近には暗色の部分があります。果実は壺形で、上部に波打った蓋のようなものがついており、その下の穴から胡椒入れと同じ要領で黒い小さな種子〔訳注：ケシの実、ポピーシードなどと呼ばれる〕をばらまきます。種子は食用油になったり、蜂蜜と一緒に練り込まれておいしいペストリーになったり、（ほぼ不必要な）飾りとしてパンに振りかけられたりします。ポピーシード入りのベーグルを食べると、1週間後に薬物検査で陽性になることもありますが、種子に含まれるオピエートは微量で、顕著な生理学的作用を引き起こすことはありません。ところが緑色の未熟な果実は、刃で傷つけると多様な薬効をもつ白い乳液を滲出させ、それを乾かすと、アヘンと呼ばれるべたべたした茶色い樹脂になります。

　アヘンの成分の1つは、ケシの防御機構の一翼を担うモルヒネです。モルヒネは人間の体内では鎮静剤として作用し、また、体内で自然に分泌されて強力な鎮痛作用や多幸感をもたらすエンドルフィンというホルモンと似た働きをしますが、過剰に摂取すると呼吸が遅くなったり窒息死につながったりします。モルヒネ以外にも、アヘンに含まれる物質は筋弛緩薬や抗炎症薬、咳止め薬として作用するので、それら自体に大変な価値があるだけでなく、他の多くの医薬品の製造にも使われています。

　アヘンは数少ない効果的な鎮痛剤の1つとして、少なくとも7,000年にわたり使用されてきました。古代ギリシャでは、不安や不眠、疼痛の治療薬としてはもちろん、危険性についてもよく認識されており、ケシは夢の神モルペウスだけでなく、眠りの神ヒュプノスと死の神タナトスにも捧げられました。19世紀には、アヘンの依存性の強さはよく知られていましたが、ヨーロッパや北米ではまだ社会に容認されており、「東洋風の」アヘン窟で豪勢に吸煙したり、アルコールに溶

かしたアヘンチンキを飲んだりしていました。アヘンはエドガー・アラン・ポーや、特にサミュエル・テイラー・コールリッジなどの作家のお気に入りで、実際、『クーブラ・カーンあるいは夢で見た幻想』という彼の詩は、アヘンチンキに触発されたものだと考えられています。彼は独創的なキャリアの全盛期に、週に数パイントものとんでもない量を飲んでいました。

アヘンは18〜19世紀に中国で流行しました。需要が現地の供給量を上回ると、東インド会社——本質的には英国政府の貿易部門——が積極的に介入し、中国の茶や絹や香辛料の代金を支払うために、英領インドのプランテーションから中国へアヘンを輸出するようになりました。その後、「アヘンの輸入は依存症を広げ、経済と公衆道徳を蝕む」と感じた中国の皇帝たちは、輸入を制限しようとしましたが、当時世界で最も価値のある貿易財だったアヘンは、高度に組織化されたネットワークを通じて密輸され続けました。1839年に皇帝はアヘンの禁絶を目指し、大量のアヘンを没収して海に投棄しました。それに対して英国軍は第一次アヘン戦争を開始し、中国の港を封鎖したり攻撃したりして、ついに皇帝は屈辱的な敗戦を喫しました。中国はその後の和解で巨額の賠償金を支払い、英国に香港を割譲しました。アヘンの取引は再び活況を呈し、19世紀半ばまでに中国人男性の1/4が常習者となりました。1856年には第二次アヘン戦争（アロー戦争）が勃発、麻薬密輸の拡大を含む中国の対外貿易をいっそう開放しました。アヘン戦争は英国の最良の時などではありませんでした。当然ながらその屈辱的な経験は、中国の外交政策、とりわけ香港で中国が「外国からの干渉」と見なすものに対する態度に影響を及ぼし続けています。アヘンの市場を最大化させようとする19世紀の身勝手な政策と似たようなことは、やっかいにも現在の米国で起きています。そこでは、製薬会社にけしかけられた医師たちが、魅惑的で抗いがたい同じ植物由来のオピオイドを過剰に処方しています。

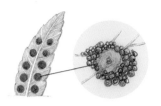

ニュージーランド
シルバーファーン
（別名ポンガ、ヘゴ科ヘゴ属）

Cyathea dealbata

　陰と湿気を好むシダは、ニュージーランドの湿潤な森を特徴づける植物で、そこでは200種以上があふれんばかりに生い茂っています。そのうちの1つ、シルバーファーンは優雅なアーチを描く葉を1本の幹から傘のように放射状に広げ、ゆっくりと高さ10mほどに成長していきます。カヌーの全長ほどもある大きな葉は、渦巻き状にきつく巻かれた若葉から展開しますが、その若葉を表したのがマオリの一般的なモチーフであるコル（koru）で、成長と再生の象徴となっています。葉が枯れて落下すると、人の太ももほどの太さにもなる葉柄の基部が幹に残るため、幹はがさがさしています。葉の裏側は成長するにつれて白色、いや、銀色にさえなります。夜間に葉をむしって、光る面を上にして林道沿いに置けば、月の光を明るく反射する道しるべになります。

　しかし私たちが仰ぎ見る、そびえ立つシダの姿は、物語の半分にすぎません。葉の裏側には塵のような胞子を作るお椀型の茶色い胞子嚢が、感じよく、でも薄気味悪いほど規則的に並んでいて、それらの胞子が湿った地面に落ちて発芽すると、シダの別なライフステージが始まるのです。それは指の爪ほどの大きさのちっぽけなハート形の植物で、前葉体と呼ばれます。前葉体は地面で平たく成長し、湿気の多い裏側に極小の生殖器を作ります。性別のバランスは巧妙な化学信号によって常に良好に保たれており、雄か雌、あるいは多くの場合、雌雄同体になります。雄の造精器は鞭毛をもつ精子を作ります。前葉体が水に接すると精子は数mm泳いで造卵器にたどり着き、受精した卵細胞は新たなシダへと成長していきます（というわけで、水のない砂漠ではシダは生きていけません）が、前葉体は朽ちてしまいます。

　シダは湿潤な英国本土でもよく育ちます。1840年代のビクトリア朝時代のイングランドは「シダ熱」に浮かされ、その熱狂は半世紀続きました。どこか抑制が効いていて、心地よく秩序立ったシダは、多くの面でビクトリア朝時代の感性に訴えるものがありました。小葉〔訳注：複葉を構成する個々の葉片〕の形はたいていシダの葉自体の形を繰り返していますし、その繁殖方法は繊細で慎み深く、鳥やミツバチを介さなければならない花たちのギラギラした性的欲望とは無縁です。シダは好都合にも、工業都市の集合住宅の日陰でも育ちましたが、優れた知性と眼識の持ち主にこそふさわしい植物だ、と熱心に宣伝されました。

　シダの収集は、健全かつ健康的な国民的趣味となりました。チャールズ・ディケンズは無気力な娘を奮起させようと、彼女にファーナリ〔訳注：ガラス製のシ

ダの栽培箱〕の世話をするよう勧めました。ピクニックバスケットとお付きの者を連れたシダ狩りのパーティーは、男女混合の人気の屋外社交場となりました。シダに関する本や団体が急増し、栽培用のガラスケースや、シダを押し葉にして保管する器具など、専用の道具も増えていきました。専門業者が珍しいシダを求めて田舎を強欲にあさり回り、家を1軒1軒回ってそれらを売り歩き、一部の種を絶滅に追いやりました。その一方で、目新しさへの欲求から、大英帝国内に自生するシダが注目されるようになりました。

　ニュージーランド産の乾燥シダの活発な取引を推進したのは、イングランドの収集家たちです。DIY市場では、押し葉のシダと厚紙やラベルが入ったキットが売られるようになり、一方、高級市場では、生きたシダの標本を太平洋風にアレンジし、特注の木製ケースに入れたコレクションを注文することができました。生育可能な胞子が含まれていたこれらの商品は、移動式の苗床でもありました。こうした商取引のすべてが、シダ関連の観光事業を盛り上げました。シダ園が設立されたり、シダの観察に最適な場所や、シダ関連グッズ（手工芸品や写真、雑貨など）が購入できる場所が、英国の旅行者向けガイドブックで紹介されたりしました。かつては野生的で威厳に満ちたシルバーファーンは、1860年までには「理想的な庭の装飾品」としてイングランドでもてはやされるようになりましたが、1901年にビクトリア女王が逝去するとシダ熱は収まりました。ニュージーランドの真髄を示すシダの葉のデザインは、今では国民の敬愛を集めるラグビー代表チーム「オールブラックス」のジャージを飾り、随所で目にする国家の象徴となっています。

ツリーフクシア
（別名コーツクツク、アカバナ科フクシア属）

Fuchsia excorticata

ヨーロッパや北米の庭園で育つ控えめなフクシアとは異なり、ツリーフクシアは堂々たる木です。樹高15mに達することもある世界最大のフクシアで、印象的な節くれだった幹から赤褐色の薄片状の樹皮が剥がれており、密に茂った緑色の葉は、下から見上げると胸が高鳴るような銀色に輝いています。数百万年にわたって温暖で、一年中光合成という化学の魔法が使えるニュージーランドでは珍しく、ツリーフクシアは落葉樹です。これは、「I whea koe i te ngahorotanga o te rau o te kōtuku」（文字どおりには「ツリーフクシアの葉が落ちていた間、どこにあなたはいたのですか?」、つまり「私たちがあなたを必要としていたときに、なぜあなたはここにいなかったのですか?」という意味）というマオリの格言が生まれたほど、異例なことです。

フクシアはたいていピンク色と緋色のツートンカラーの花をぶら下げて、「受粉してくれれば甘い蜜が吸えますよ」と鳥たちにアピールします。ところがツリーフクシアは植物では珍しく、赤い色を使って鳥たちに他の場所に目を向けるようにシグナルを送ります。決められたスケジュールに従って、花の色を変化させるのです。最初は蜜がたくさんあることを示す緑色、次に紫色になり、受粉を終えて蜜がからっぽになる頃には赤色に変わります。鳥たちは無駄足を避けることを学んでいて、その結果、両種ともに多くのエネルギーを節約しているのです。

ツリーフクシアの花のなかでひときわ人目を引くのが、粘り気のある明るい藍青色の花粉です。それらはエリマキミツスイやニュージーランドミツスイなどの鳥たちが、蜜を吸うとちょうど頭をポンポン叩かれる位置に置かれています。ヨーロッパ人の到来前、青い染料は非常に貴重なものでした。マオリの若者たちはこのべたべたした花粉を集めて唇や顔に塗り、装飾を施していたようです。

ニュージーランドの隔絶された植物相は、捕食者がいない外来の有害生物や、抵抗力を獲得していない未知の病気に対して、とりわけ脆弱です。1830年代にヨーロッパの入植者が毛皮産業を創出するため、オーストラリア原産のフクロギツネを持ち込みました。それらは本来の生息地ではヘビやディンゴ、野火によって数が抑えられ、州の保護の対象にすらなっていますが、天敵がいないニュージーランドではツリーフクシアの葉を貪り、やたらに増えています。幸い、フクロギツネを減らす作戦は期待できそうですので、ツリーフクシアはこれからも、そのマオリ名「コーツクツク」によく似た鳴き声を響かせる鳥たちのすみかであり続けるでしょう。

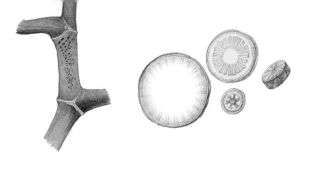

バヌアツ
カバ
（コショウ科コショウ属）
Piper methysticum

1770年代に海洋探検家ジェームズ・クックの太平洋航海に同行した博物学者のヨハン・ゲオルク・フォルスターは、島民たちが植物の根から抽出した未発酵の汁に酔っている姿を目撃しました。彼らが使っていたのは、人の手のひらほどの大きさのハート形の葉を茂らせる灌木のカバで、茎にはタケに似たはっきりとした節とまだら模様があります。スパイスを実らせるコショウの近縁種だと見抜いたフォルスターは、「酔うコショウ」という意味をもつ *Piper methysticum* と名づけました。

　おそらくカバの原産地はおよそ80の島々からなるバヌアツで、そこで3,000年ほど前に栽培が始まった後、大海原を渡り移住していった人々によってオセアニア全体に広がったと考えられています。カバだけでなく、バナナやタロイモ、パンノキなど、長い航海に耐えられる食用植物を満載していた彼らの大きな双胴船（カタマラン）は、まさしく海に浮かぶ苗床でした。高温多湿の熱帯では、作物は挿し木ですぐに新天地に定着しますが、何世紀にもわたる人為選択を経て、一部の種は開花の能力や稔性を失いました。カバは現在、繁殖を人間に頼りきっています。

　カバは海抜150〜300mで最もよく育ちます。そのため人々は、雨が降るとつるつる滑る、岩だらけの火山性の土地にある急斜面の小道を登って、区画の手入れにいきます。樹齢4年ほどになると、カバをまるごと手で引き抜いて収穫し、もつれた根や茎の根元を天日で丁寧に乾かします。

　これほどの労力をかけるのは、カバが儀式的にも社会的にもとてつもなく重要だからです。カバにはカバラクトンという精神活性作用のある樹脂性の化学物質が含まれていて、樹脂の粒子を非常に細かくすると、胃の内壁から吸収されるようになります。フォルスターが「想像できうる最も吐き気を催す方法」と評した伝統的な製法では、処女の少女たち（と、ときには少年たち）が根の断片を嚙んで、タノア（tanoa）という大きな木製の器に吐きだします。現在ではたいてい、カバは死んだ珊瑚の塊を使って板の上ですり潰しますが、その手順は依然として高度に儀式化されています。いずれにせよ、その混合物に水かココナツミルクを加え、練ったり絞ったりしてから濾します。そうしてできた泥水のような乳濁液には、わずかな酸味とかなりの苦味があります。カバはココナツの殻のお椀で一気に飲み、飲んだ人は自分の先祖に、タマファ（tamafa）、つまり願いごとや祈りを伝えたらすぐに水を含み、唾を吐くのが習わしです。

　最初は口のなかと唇にわずかにしびれを感じ、その後すぐに、心は穏やかで

138

ありながら驚くほど感覚が研ぎ澄まされ、人と楽しく打ち解けた、心の底から幸せな気持ちになります。何杯も飲むとふらついたりもうろうとしたりしますが、アルコールとは違って、羽目を外したりけんか腰になったりすることはありません。カバを１、２杯あおると、誰かを憎むのが非常に難しくなるのです。カバを飲むのはほぼ男性だけで、通過儀礼や宗教儀式で、また高名な賓客をもてなす際に用いますが、通常は、夕暮れ時に小さな火を囲んで車座になり、気さくな雰囲気のなかで穏やかに語り合いながら飲みます。

「カバは自分たちと先祖の霊や神々を結びつけている」という島民たちの信心は「野蛮」であるとして、キリスト教の宣教師たちはカバを認めず、躍起になって禁じました。植民と宣教の時代に衰退したカバは、独立後、鮮やかに復活しました。英国女王と教皇が、この地域を訪れた際にカバを公の場で飲むことが、象徴的な意味できわめて重要だったのはこのためです。

カバは安全なのでしょうか？　20世紀末に西側諸国の使用者に肝障害が起きたとの報告があり、多くの国でカバの輸入と販売が制限されました。しかしこれらの症例はどうやら、溶媒で抽出された高用量のカバが、他の薬やサプリメントと組み合わさって起きたとみられています。最近の研究によれば、カバは伝統的な方法でときおり楽しむぶんには、比較的無害な娯楽用ドラッグだといえるでしょう。

一部の太平洋諸国の政府は、不眠や不安に陥りやすい仕事やライフスタイルの人向けの治療薬を製薬会社が開発できるよう、カバの栽培を奨励しています。カバとカバラクトンは島民にとってこれまでずっと、緊張を和らげてくれたり、安らぎや休息、眠気をもたらしたりしてくれるものでした。でもカバを摂取することの精神的・社会的な側面を瓶に詰めるのは、かなり難しいかもしれません。

Pandanus tectorius

キリバス
タコノキ
（タコノキ科タコノキ属）

Pandanus spp.

熱帯アフリカ、東南アジア、オセアニアで見られる650種のタコノキは、主に多湿の沿岸部や島や環礁で育ちます。太平洋諸島ではあらゆる点でココヤシ（121ページ）に匹敵する重要な植物で、食料、繊維、建築材料、薬、住まいをもたらします。海岸侵食を防いでくれますし、防風林を作ったり、地所の境界を示す目的でも植えられます。タコノキはたいてい基部の周囲に丈夫な支柱根があり、マングローブを彷彿とさせますが、近縁ではありません。英語で「screw pine（ねじ巻きパイン）」と呼ばれるのは、葉がらせん状にねじれて生えだしていて、一部の種が巨大なパイナップルのような果実をつけるためです。剣形の葉は丈夫な繊維質で、縁には鋭い棘があります。ニューカレドニアでは、カラスが棘のついている葉の縁を切り取り、それを道具にして隙間を探ったり、昆虫の幼虫を引っ掛けて釣り上げたりすることを学習しました。これは人類以外で知られている、世界で最も複雑な狩猟採集道具の使用です。

　タコノキ属の植物は二重の戦略で種子を散布します。種子は淡水にも海水にもよく耐えるので、島から島へと移動できます。それだけでなく、多肉質の果実に魅せられたカニやトカゲ、齧歯類、さまざまな鳥や人間によっても散布されます。

　キリバスでテカイナ（te kaina）と呼ばれるパンダナス・テクトリウス（*Pandanus tectorius*）は、オーストラリアのクイーンズランド州が原産地ですが、太平洋全域に広がっています。その丸い果実はくさび形の小さな実が100個以上集まったもので、若いときは密にくっついて全体を構成し、熟すと中心部が赤橙色になります。半分に切ると、まるで惑星の地質模型のような構造が姿を現します。くさび形の実の基部はサトウキビやマンゴーのような魅力的な味で、少しもちっとした食感があり、ビタミンAとCが豊富でカロリーが高く、たばこや雑談のお供のスナックとしてよく食べられます。またこの実を焙って乾燥させ、モカン（mokan）というナツメヤシのような味の甘いペーストを作り、かつては飢饉に備えて蓄えたり、長い航海を支える保存食にしたりしました。キリバスでは今でも長旅に出る大切な人に、保存加工したテカイナを記念に渡しています。

　タコノキ属（パンダナス）には他にも、単にパンダンと称されるニオイタコノキ（*P. amaryllifolius*）があり、干し草のような香りで東南アジア料理ではよく使われます。バニラの香りとは似ても似つかないのに、紛らわしくも「東洋のバニラ」と呼ばれており、その葉（パンダンリーフ）で作った小籠でタイ米を蒸すと香り

が移ります。また目の覚めるような鮮やかな緑色のパンダンシフォンケーキに、草や花のようなかすかな香気と輝くような色を与えます。

　パプアニューギニアのパンダナス・コノイデウス（*P. conoideus*）の果実はマリタ（marita）と呼ばれ、食べられます。郵便ポストのような真っ赤な魚雷形の果実は壮観ですが、１本１本の長さが人間の足ほどもあってどこか滑稽です。それをなたで割って葉に包み、地炉で焼いた後、油分の多い朱色の果肉に水を加えて練り、果肉から種子を分離させると、風味の強いマリタソースができます。それは料理に使われたり、瓶詰めにされてその健康効果を大仰に主張するカタログとともに売られたりします。

　ニューギニア島の別種パンダナス・ジュリアネッティ（*P. julianettii*）はカルカ（karuka）と呼ばれ、先端が尖った中指大の実が数百個も集まった、サッカーボール大のずっしりとした果実を実らせます。これらに含まれる種子は胡桃に似た味で、油分と大量のタンパク質を含むことから非常に珍重され、人々は収穫期になると豚などすべてを引き連れて、世帯ごと高地に移動します。その慣習は衰退しつつありますが、カルカを収穫する人々はしばしば特殊な「パンダナス語（タコノキ語）」を使って意思疎通を図ります。この言語が話されるのは収穫期だけです。特に収穫者が耕地から、森のなかのあまり人が踏み込んでいない場所に移動するときに使われます。悪霊をなだめるため、その言語には独自の文法とおそらく1,000語ほどの複雑な語彙があり、水っぽさや、まずい味や食感など、望ましくない性質を連想させる言葉は避けられています。

　他の地域ではほとんど知られていないタコノキ属は、オセアニアの人々の文化と暮らしに深く根を下ろしています。ひょっとすると何より重要なのは、タコノキの葉を編んだ帆が大海原を渡るカヌーを前進させたことかもしれません。そのおかげでいにしえの航海者たちは広大な太平洋を探検し、あちこちの島や土地に住み着くことができたのですから。

Pandanus julianettii

P. conoideus

マルキーズ諸島（フランス領ポリネシア）
キャンドルナット
（別名ククイ、トウダイグサ科アブラギリ属）

Aleurites moluccanus

東南アジア原産のキャンドルナットは丸い樹形が優美な常緑樹で、気持ちのよい木陰を作りだします。遠い昔、先住民によって太平洋全域に広がりました。葉には細かな毛があり、裏側が淡色なので、遠くから見ると樹木全体が銀色に輝きとても目立ちます。5枚の花びらをもつ小さな花は房になって咲き、甘い香りがします。果実はスヌーカーボール大〔訳注：直径5cmほど〕で、熟すと埃っぽい茶色になり、そのなかにごつごつした殻に包まれた淡いベージュ色の種子（仁）が2個入っています。この「ナッツ」には油がたっぷりと含まれており、明るく燃えるので、この木は「キャンドルナット」と呼ばれています。

　この木をククイ（kukui）と呼び、州の木に制定しているハワイでは、その油を火傷の治療に使ったり、ナッツを彫ってペンダントやレイを作ったりします。ナッツは生で食べると強烈な下剤になりますが、炒って塩と一緒にすり潰すと、生魚の切り身をマリネにしたおいしい料理、ポケに欠かせない調味料のイナモナが作れます。しかしキャンドルナットがもたらした最大の功績は、タトゥーアートだといってよいでしょう。「タトゥー（tatoo）」自体がポリネシアの言葉なのです。

　タトゥーに使う墨は、日干ししたナッツに点火して、黄色い炎の上に貝殻や平らな石やココナツの殻をかざし、得られた煤（すす）のなかから特に細かいものを、幸いにもほぼ無菌のココナツウォーター（121ページ）と混ぜ合わせて作りました。タトゥーを彫ること自体が1つの宗教儀式であるだけでなく、猛々しい痛みを伴う、ときに致命的なプロセスでした。彫り師たちが使っていた木製の櫛（くし）やべっ甲、人間の骨やサメの歯は、殺菌されていなかったからです。最初に刺し傷を入れてから完全に治癒するまで、厳しい試練が何か月も続くこともあったことから、大きく複雑なタトゥーは忍耐力の証明となり、尊敬を集めました。

　モチーフは島国ごとに独自性があり、たとえばマオリは渦巻き、ソロモン諸島は様式化されたグンカンドリ、マルキーズ諸島は丸いアーチと円でした。また特注のデザインをとおして、社会的地位や一族の歴史を伝えたり、人生経験を刻み込むために、数十年にわたって図案を加えていったりすることもありました。たとえば目の周囲に入れた渦巻きは、戦闘での勇気を示すものでした（そして彫り師の道具を前に、それを思いだしたことでしょう）。生涯をとおして、まぶたや鼻の穴、そして驚くなかれ、歯茎にさえタトゥーを入れることもありました。

　1760年代後半にジェームズ・クックと博物学者のサー・ジョゼフ・バンクスは、「タタウ（tatau）」（現地での意味は「印をつけること」）を入れた人々に出会っ

たと報告しており、彼らの船員の多くがポリネシアのタトゥーを入れて帰国しました。この風習は人気となり、1830年代までには英国の大半の港には少なくとも1人の専従の彫り師がいました。植民地時代にタトゥーアートが衰退した南太平洋地域では、近年、カバ（138ページ）と同様に、地元の伝統を再興させようという熱烈な取り組みが見られ、かつてタトゥーは歴史と文化を誇示するきわめて公的なものだったことを、人々に思い起こさせています。

アルゼンチン

イェルバ・マテ
（モチノキ科モチノキ属）

Ilex paraguariensis

南米原産のイェルバ・マテは常緑低木ですが、チャンスに恵まれればかなりの大木になります。史上初の人工衛星スプートニクのような、オフホワイト色の小花がまとまって咲き、近縁種のセイヨウヒイラギ（*Ilex aquifolium*）と同じように鳥が見つけやすい緋色の果実をつけますが、人間の利用にとって特別なのは葉です。丈夫で光沢があり、たいてい縁が細かいギザギザの葉は、カフェインなどの有益な化学物質が入った薬箱なのです。スペイン征服のはるか前、グアラニー族とトゥピ族は儀式でマテを使っていました。その浸出液にはパワーと敏捷性をもたらす強い効き目があると考えていたのです。今日では、マテ茶はブラジル南部、パラグアイ、ウルグアイ、アルゼンチン北部の全域で、ノンアルコール飲料として人々に選ばれています。

　茶葉は、イェルバ・マテの葉を直火で急速加熱し、薪の煙でゆっくりと乾燥させ、最長1年かけて熟成させた後、粉砕したものです。チャノキ、コーヒーノキ（84ページ）、コラノキなどカフェインが豊富な他の植物と同じく、イェルバ・マテは社交の潤滑剤として利用されており、独自の道具立てや作法があります。小さなマテ壺（たいてい装飾を施した瓢箪）にマテの葉を入れ、お湯を注げば、適度な刺激と独特の燻した風味をもつ、飲めば元気になる苦い浸出液ができます。こうして淹れたマテ茶は、友人同士で回し飲みするにせよ、1人で街角ですするにせよ、ボンビージャ（bombilla）という一方の端に茶漉しがついた金属製のストローで吸い飲むのです。葉は繰り返し浸出させられるので、キオスクやガソリンスタンドには無料でお湯をつぎ足せる蛇口が設置されています。

　最近の科学的研究により、イェルバ・マテに含まれる多種多様な化学成分は運動中の脂肪燃焼率を上昇させ、実際に筋肉を強化したり、運動能力を向上させたりする可能性があることがわかりました。先住民の知識が理に適ったものだったと確認されるのは、嬉しいものです。

ペルー

ヒモゲイトウ

（別名アマランス〔訳注：日本ではヒユ科ヒユ属の総称であるアマランサスと称することも多い〕、ヒユ科ヒユ属）

Amaranthus caudatus

人の胸の高さほどに成長する不格好なヒモゲイトウは、アルゼンチン、ペルー、ボリビアの高地一帯の村の小区画で、種子と葉を採るために育てられています。この植物は5,000年以上前にメキシコや中米、アンデス山脈で栽培化された一握りのヒユ属の１種です。干ばつや病気に強く、インカ帝国とアステカ帝国における主食となりました。灌漑用水路や段々畑といった高度なインフラを使って育てられ、その遺構は現在も残っています。

葉脈が深く入った幅の広い葉は、おいしく食べられます。ほうれん草と同様に調理すれば、アーティチョークを彷彿とさせる味がします。ビタミン、鉄分、繊維が豊富で、葉物野菜にしては驚くほど多くのタンパク質を含んでいます。

ヒモゲイトウの花は気持ちよさそうにだら～んと垂れています。タッセルを不揃いにまとめて吊り下げたような花穂に、あずき色や血赤色のごく小さな花を無数に咲かせるのです。そして虫ピンの頭にも満たないほど小さな、空飛ぶ円盤形の、クリーム色や黄金色やピンク色の種子を、１株あたり軽く５万個も実らせます。種子はきわめて栄養価が高く、穀類の不足分を補います。たとえばタンパク質は小麦のおよそ1.3倍で、小麦にはない必須アミノ酸のリシンを豊富に含み、小麦よりも油が多くデンプンが少ないのです。ペルーでは加熱した土鍋のなかでヒモゲイトウの種子をかき混ぜて破裂させ、ミニチュアのポップコーンのようなものを作ったり、こんがり焼いてから煮て、栄養価の高いおいしいナッツ風味のおかゆを作ったり、挽いて粉末にしたりします。

スペイン征服のはるか前、人々はヒモゲイトウの粉とアガベシロップ（158ページ）を練った生地で、強大な神ウィツィロポチトリや、知恵と芸術の神ケツァルコアトル、雨の神トラロックなどの偶像を作り、それらに目と歯に見立てた豆と種子をつけて、宗教の祝祭で、病気避けや村のお清めとして皆で食べました。神の肉体を食べることで、神々のパワーや神そのものが信者の体内に取り込まれると考えたのです。侵略者のスペイン人には、こうした儀式がカトリックの聖体拝領の伝統と奇妙に符合して見えました。スペイン人の司祭や宣教師のなかには、アステカの聖体拝領は先住民がキリスト教を受け入れつつある証拠だと信じた、というか、信じたかった人もわずかにいましたが、大方の人はその慣習を悪魔の所業とみなし、ヒモゲイトウの栽培もろとも禁止しました。その栽培は500年近くの時を経て、ようやく復活したのです。

現在、この神食の精神は、ペルーではトゥロン（turrones）、メキシコではアレグリア（alegría、「喜び」という意味）と呼ばれる街角のおいしいお菓子に息づいています。アレグリアは加熱して弾けさせたヒモゲイトウの種子を、シロップや糖蜜で味つけしたものです。メキシコでは昔から、特にキリスト教と先住民の伝統とを組み合わせた死者の日などの祝祭で、アレグリアを頭蓋骨や人の形に成形します（97ページのセンジュギク参照）。

　世界を見渡すとヒユ属は数十種あり、その多くは食べられます。種子や葉を収穫するためや、特にヨーロッパでは花を観賞するために改良された栽培品種もあります。ヒモゲイトウの英語名であるアマランス（amaranth）は「しおれない」という意味のギリシャ語に由来し、花と実（ほぼ同色のこともあります）が長持ちすることを表しています。中世ヨーロッパでは、アマランスという言葉が愛を意味するラテン語を想起させ、愛の花（flos amoris）として知られるようになりました。19世紀のビクトリア朝時代の英国では、うなだれて咲く緋色のヒモゲイトウは報われぬ愛の象徴だと受け止められました。英語での別称「love-lies-bleeding（愛は血を流している）」はそこからきています。一方フランスでは、ヒモゲイトウは「修道女の鞭」を意味しました。想像力をたくましくして、その花から悔悛者が耐え忍ぶ鞭打ちを連想したからです。

　ヒモゲイトウは現在、メキシコとペルーでは公式に栽培が奨励されており、インドやネパール、アフリカ中部でも、まだ隙間ではありますが、頼りになる食用作物として栽培されています。その前途は有望です。世界の食料摂取カロリーの半分近くは、小麦、米、トウモロコシ（182ページ）というわずか3種類の穀物に由来しており、この状況は栄養摂取と生物多様性のどちらにとっても好ましくないうえ、広大な単一栽培のなかに詰め込まれた植物の間で、病害虫を広げてしまいがちです。ヒモゲイトウは私たちが日常の食事に加えるべき、まさに忘れられた作物の1つなのです。

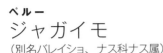

ペルー
ジャガイモ
（別名バレイショ、ナス科ナス属）

Solanum tuberosum

　人の膝ほどの高さで慎ましく育つジャガイモは、黄色い派手な円錐形のおしべをつけた、星形のピンク色や白色の魅力的な小花を咲かせます。その塊茎、つまり炭水化物を蓄えた膨らんだ地下茎はどなたにもなじみ深いものですが、「果実」はどうでしょうか？　それは見た目も内部構造も、緑色のミニトマトにそっくりです。でもジャガイモの果実と葉には有毒な防御物質であるグリコアルカロイドが含まれていて、重度の胃の不調や、頭痛や意識障害、幻覚などの神経症状を引き起こします。グリコアルカロイドは塊茎にも含まれていますが、食中毒を起こすほどではありません。とはいえ塊茎が光にさらされていたり、食べられないよう防御機構を発動していれば、話は別です。毒素の濃度は激増し、皮では100倍にさえなります。このとき同時に発生する緑色は単なる無害な葉緑素ですが、廃棄すべきジャガイモを見分けるのに役立つ目印となります。

　栽培されているジャガイモは、大半が*Solanum tuberosum*というたった1種の亜種です。しかし9,000年ほど前にジャガイモが初めて栽培化されたペルーとボリビア北西部にまたがる地域には、9つの食用種と数えきれないほどの亜種が存在します。アンデスの農村では、ジャガイモの植えつけは村人たちが共同で行うものであり、トウモロコシのビールとコカの葉と歌がそれを支えています。生計も生活もジャガイモの収穫が頼りで、初物はスペインのカトリック教会と先住民の伝統が融合した宗教儀式で讃えられます。村人たちはとりどりのジャガイモを慈しんでいます。丸いものや細長いもの、大きいものや小さいもの、淡黄色から濃紫色のものまで、この地域のジャガイモは虹のような色彩にあふれ、味もナッツのようなものもあれば、フルーティーなものもあり、食感もさまざまです。多くのジャガイモは穀物の生育範囲をはるかに超えた、アンデスの高地でよく育ちます。これほどの高地になると、ジャガイモを凍結乾燥させたチューニョ（chuño）が簡単に作れます。インスタント食品のマッシュポテトが発明されるよりもはるか昔、数千年も前から、インカの人々はこうした保存食を知っていたのです。

　16世紀にはスペイン人がジャガイモをヨーロッパに持ち込みましたが、そこではトマトと同じく、同じナス科ナス属のジャガイモも頻繁に食中毒を起こすという噂が立ったり、「後進地」の小百姓の食料とみなされたりして、なかなか定着しませんでした。しかし支配者たちは、狭い土地から栄養豊富な食料を大量に生みだすジャガイモのメリットを知ると、これは素晴らしい作物だ、と国民を説得し始めました。18世紀にフランスでは、それがいかに価値あるものかを示すため

に、畑の周囲に武装警備員をこれ見よがしに配置するなどの策が弄されました。プロイセンではフリードリヒ2世が、疑り深い人々にジャガイモは国王にも相応しい野菜であると納得させるため、公式にジャガイモの饗宴を催しました。

　ジャガイモは、ひとたび足がかりをつかむや社会の姿を一変させました。食料生産が急増して、農民が工場で働けるようになり、産業革命が加速したのです。1830年代までには、ヨーロッパの人々はジャガイモに危険なほど依存するようになり、最も急激に依存が進んだアイルランドでは、ジャガイモによって人口が膨れ上がりました。不幸なことに、南米から船で運ばれたわずかな株から繁殖させたこの作物の遺伝的均一性は、「種芋」──塊茎そのもの──を使った繁殖によってさらに進みました。この栄養繁殖〔訳注：胚や種子を経由せずに根、茎、葉などから次世代の植物を繁殖させる無性生殖のこと〕はクローンを作りだすため、すべての作物が同じ病害虫の被害にあいやすくなるのです。

　1845年にヨーロッパで発生した疫病は、ジャガイモ疫病菌（*Phytophthora infestans*）という微細な胞子で広がる微生物によって引き起こされました。それはアイルランドの温暖湿潤な気候のもと、密に植えられた畑で瞬く間に広がり、葉を黒変させ、塊茎を腐らせて悪臭を漂わせました。アイルランドでは100万人が飢餓と病気で命を落とし、200万人が主に米国に移住する事態となりました。その辛酸に無慈悲にも追い打ちをかけたのが、影響を受けずに済んだ他の食用作物をイングランド──大英帝国のお膝元──に輸出せざるをえなかった経済・社会政策です。この飢饉の最中、自らも飢餓の苦しみを知る米国のオクラホマのチョクトー族は、アイルランド飢饉への救済金を集めました。その寛大な行為を称え、最近、アイルランドのコーク県にモニュメントが設置されました。

　現在でも多くのジャガイモは疫病に対して脆弱であり、主に農薬の噴霧によってそれを抑え込んでいます。野生種の遺伝子をもつ新しい品種はじゅうぶんな抵抗力を示しますが、ジャガイモ飢饉の話が私たちに伝えてくれるのは、南北アメリカ大陸に自生する数百の野生種を保護する必要性だけではありません。それは政治に対して、啓蒙と慈悲を呼びかけてもいるのです。

エクアドル

パナマソウ
（パナマソウ科パナマソウ属）

Carludovica palmata

パ　ナマ帽はパナマではなく、たいていエクアドルで作られますし、パナマソウ自体も英語で「panama hat palm（パナマ帽のヤシ）」と呼ばれますが、ヤシではありません。主軸の幹をもつヤシとは異なり、多数の葉が地際から叢生し、葉は蛇腹状に折りたたまれたまま完全な長さに成長します。トウモロコシの穂軸大の花序は、とても風変わりです。まず香りのよいスパゲッティのような塊が現れて、その下に隠れている雌花へゾウムシを引き寄せます。そして雄花が開くと、その小さな甲虫たちがちょこまかと動き回って花粉にまみれ、別株の雌花に飛んでいって受粉します。最後に、勢いを失った花がバナナの皮のように剝けて内側の朱色の組織が露わになると、そこに含まれる小さな果実に入ったぬるぬるした種子を、鳥やアリや雨が散布するのです。ところがこれほど派手にふるまっても、ほとんどの種子は発芽できません。その代わり、単純に茎が地面の近くで水平に伸び、あちこちに根を下ろすのです。

　熱帯低地林を原産地とするこの「ヤシ」は、帽子を作るためにエクアドルで広く栽培されています。若葉を細かく裂いた繊維は漂白してもぱさつかずにしなやかで、それを手作業で編み上げていきます。最高級のパナマ帽は、指の幅あたり40本もの繊維が編み込まれており、上質な帆布のような手触りです。それらは丸めても、広げても、その上に座っても、耐えることができます。

　カリフォルニアのゴールドラッシュの時代、その帽子は大西洋から太平洋へ短距離で渡れるパナマで買い求められ、そのため職人が丹精込めて作った場所ではなく、購入場所と結びつきました。エクアドルがブランド名となる国名を失うとどめの一撃となったのは、パナマ運河建設中に起きた出来事でした。米国のルーズベルト大統領が巨大な掘削機を操縦する自らの姿を撮らせた写真が世界中に出回り、大統領の「パナマ」帽に多くの反響が巻き起こったのでした。

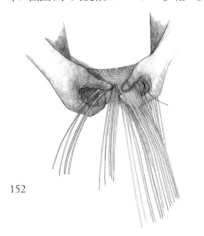

ガイアナ
オオオニバス
（スイレン科オオオニバス属）

Victoria amazonica

ガイアナの国花であるオオオニバスは、アマゾン川流域の湖や流れの穏やかな水域で育ちます。夕方近くになるとその大らかな白い花は開花して熱を発し、パイナップル味のバタースコッチキャンディーのような香りを漂わせます。コガネカブト属（*Cyclocephala*）の甲虫のためにデンプンと糖のビュッフェをたっぷり用意して、馥郁たる香りで彼らを招き寄せるのです。それ自体は、植物のありふれた策略です。ところがこの花は、甲虫たちが食事をしている間に花びらで彼らを包み込み、閉じ込めてしまいます。花粉まみれにされた彼らは、翌日の夕暮れに解放されますが、花はその頃には鮮やかなピンク色に変わり、香りを失っているため、甲虫たちは別の白い花へと引き寄せられて飛び去っていきます。元の花は萎れて水中に沈み、種子を作ります。

　平底のフライパンのような形で、ときに直径3mもなる水生植物最大の葉をもつオオオニバスは、その生態的地位に見事に適応しています。青豆色のけた外れに大きな円形の浮葉は、日光を余すところなく浴びるためのもので、葉自体には葉を浮かせる微細な空気だまりが埋め込まれている一方、葉の縁には切れ込みがあり、雨水を確実に排出します。巨大な葉の裏側には、控え壁のような隆起した葉脈が中心から放射状に広がっており、それらは格子状に連結して強度を高めています。また葉を食べる魚や腹をすかせたマナティーを思いとどまらせるため、丈夫な棘で武装してもいます。湖底の沈泥には栄養分が豊富に含まれていますが、他のあらゆる植物と同様に、オオオニバスの根にもある程度の酸素が必要です。この植物は温度差を利用した、並外れた加圧式の換気システムを進化させました。これにより、空気は葉柄をとおって、水面下6mに達することもある根まで送り届けられます。

　19世紀にヨーロッパではオオオニバスの栽培と展示が競われ、石炭暖房の温室の急増に拍車がかかっただけでなく、その独特な葉の構造が、温室自体の設計にも影響を与えました。1851年のロンドン万国博覧会に建てられたガラスと鉄骨による記念碑的な建造物で、セント・ポール大聖堂の３倍の大きさを誇った水晶宮は、オオオニバスから着想を得たものです。オオオニバスが英国の植物園でようやく花を咲かせると、大勢の見物人を魅了しました。ときには軍楽隊の演奏が行われたり、浮葉の強度を示すために、パーティーのような雰囲気のなかで子どもを乗せたりしました。このデモンストレーションは、今でも場所によっては、（陳腐とはいえ）印象的な儀式として行われています。

ブラジル
サトウキビ
（イネ科サトウキビ属）

Saccharum officinarum

C4型という無味乾燥な名前をもつかなり珍しいタイプの光合成により、全植物のおよそ３％（大半が熱帯のイネ科の草）が、高温の気候下で日光をきわめて効率よく使えます。そのような草のうちの１つがサトウキビです。ほっそりした手首ほどの太さの茎には節があり、丈は高さ5mに達します。茎の先端にはごく小さな花が集まった、もじゃもじゃの白髪のような花穂がつきます。

サトウキビは太陽光を化学エネルギーに変換し、ショ糖（いわゆる砂糖）にして体内で運んだり、蓄えたりします。世界では毎年、他のどの作物よりも多い20億トンという膨大なサトウキビが育てられており、そのうち約40%がブラジルで栽培されています。サトウキビのショ糖は、一部は発酵させて自動車燃料用のアルコール（バイオエタノール）になりますが、大半は精製されて人間が消費します。サトウキビをローラーで圧搾し、基本的にはその汁を煮詰めて、おなじみの白く甘い結晶を作るのです。結晶は顕微鏡で見るとほぼ立方体で、とても不自然な感じです。黒っぽい残液は糖蜜と呼ばれ、強い風味があります。ラム酒を作るのに使われたり、精製した砂糖に加え直し、しっとりとしてはるかに風味豊かなブラウンシュガーを作ったりします。

サトウキビの先祖は現在のパプアニューギニアで誕生し、咀嚼性、収穫量、甘さを求めて人間が繰り返し選択した結果、今では栽培種しか存在しません。砂糖はローマ時代には、アラブの商人がインドから地中海へ陸路で運んでいましたが、18世紀に生産が急増するまでは、高価な贅沢品であり続けました。カリブ海地域に造られたヨーロッパの植民地の広大なプランテーションで、奴隷労働力を使い、植えつけ、収穫、精製などの重労働が行われるようになると、砂糖の価格は劇的に下がりました。19世紀半ばまでには、英国の労働者階級でさえ砂糖を買えるようになりました。

狩猟採集していた私たちの祖先は、高エネルギーな食物であることを示す「甘味」を追求するよう進化しました。しかし純粋なショ糖は有益な水準をはるかに上回るカロリーを私たちの食事にもたらし、また、おいしさをアピールする安上がりな方法として、あまりにも頻繁に飲食物に加えられています。砂糖の慢性的な過剰摂取は、肥満や糖尿病と強い関連性があります。そうした社会的な負担は、サトウキビの茎を噛みしめる喜びとも、熱帯の街角で供される、ガタガタぎこちないけれども楽しい、珍妙な装置で搾りだされる無害なフレッシュジュースとも、かけ離れたものです。

メキシコ

ブルーアガベ
（別名テキーラリュウゼツラン、キジカクシ科リュウゼツラン属）

Agave tequilana

米国南部と中米の乾燥地域で育つアガベ（リュウゼツラン属）は500種以上あり、そのうちの１種であるブルーアガベは、メキシコ西部ハリスコ州にあるテキーラの町の周囲に広がる日当たりのよい丘陵地で生い茂っています。地表近くの短い茎からロゼット状に広がる肉厚の葉は、人の背丈ほどに成長し、水分の蒸発を防ぐロウ質で覆われているため、特徴的な青緑色の光沢があります。アガベは並外れた防御力を誇ります。葉は繊維が詰まっていて食べられないばかりか、凶暴な棘をもち、先端にはかつて縫製に使われていたほど鋭い針がついているのです。植物の擬態の印象的な１例として、葉の平たい部分にtrompe l'œil（騙し絵）のように棘の図柄が写し取られている種もあり、必要とあらば、草食動物をさらに威嚇しています。

アガベは開花に数十年を要することで知られ、なかには世紀の植物と呼ばれる種もあります。その開花は壮大で、ブルーアガベは花茎を空高く6mもぐんぐん伸ばします。上空に咲く黄緑色の花房は、メキシコハナナガヘラコウモリにとってあふれんばかりの蜜のありかを示す目印となります。この植物は１度きりの開花を終えると、とりたてて特徴のないライム大のくすんだ緑色の果実をつけて枯れますが、栽培されているブルーアガベには、開花の機会などめったにありません。それらは樹液と、多肉質の芯〔訳注：肥大化した茎の根元〕のためだけに育てられるからです。現代の農家は植物体の一部や根元近くから伸びる小さなクローンを使って、アガベを栄養繁殖させています。この繁殖方法は簡単ですが、遺伝的に同一で病気にかかりやすくなります。そしてもちろん、アガベが開花しなければ、コウモリは飢えてしまいます。最近ではこの問題に通じた農家に作物の一部を開花・結実させるよう奨励して、アガベに貴重な遺伝的多様性を導入し、コウモリの個体数を回復させるキャンペーンが行われています。

アガベの樹液は、プルケという非常に上質な飲み物を作るのに使われます〔訳注：プルケを作る種は、後述のテキーラやメスカルを作る種とは異なる〕。開花の直前、この植物は猛烈に働いて、茎の根元付近に甘い樹液を集めるため、開花に向かう花茎を除去すると、その空洞に樹液が大量に滲みだすのです。それを１日２回、伝統に則り、細長い瓢簞で作ったアココテ（acocote）という道具を口で操作して採集します。１シーズン（６か月）で１株から1.5トンもの「アグアミエル」（aguamiel、蜜の水）と呼ばれるおいしい樹液が採れます。これがいかに豊かな恵みなのかは、400の乳房からアグアミエルを滴らせるアステ

カのアガベの女神、マヤウェルの肖像画から窺い知ることができます（とはいえ、この女神がもともとどう描かれていたのかははっきりしていません）。それぞれの乳房を吸う、それぞれが神聖なウサギたちは皆、酩酊と豊穣の神でした。

　新鮮なアグアミエルはかすかに緑色を帯びた透明の液体で、煮てシロップにしたり、天然酵母や細菌を使って発酵させ、プルケを作ったりします。乳白色で泡立っていて、初めてでは面食らうほど粘り気があるプルケは、酵母とバターミルクに似た酸味をもつ微弱発泡性の爽やかな飲み物です。弱いビールと同程度のアルコール度数があり、もともとはアステカの宗教儀式で使われたり、病み上がりの人が滋養をとるために飲んだりしていました。スペイン征服後は、公衆の面前で酩酊することが文化的に許容されるようになり、プルケは日常の酒として人気を博しました。プルケスタンドや移動式カートが繁盛し、1900年頃にはプルケリアと呼ばれる派手な装飾の酒場が、メキシコシティだけで1,000軒近くもありました。ところがそこは、軽犯罪、殴り合い、売春、そしてもちろん酩酊──ご婦人方と法の目の届かない場所で、男たちとアルコールが組み合わさると起きる日常茶飯事──の元凶だという評判が立ち、その後の政府はプルケリアを社会の進歩を妨げる堕落の源と見なしたのです。ビール人気の高まりとあいまって、厳格な規制はプルケリアの衰退を引き起こし、1950年代までにはほぼ姿を消してしまいました。しかし近年、プルケは活気のあるカフェのような雰囲気で提供される社交的なドリンクとして、復活を遂げつつあります。これらのバーは相変わらず装飾はどぎついですが、今では愛好家向けの伝統的な白いプルケ・ブランコと並んで、果物やオートミール、アガベシロップを加えて甘くしたプルケ・クラドを提供し、老若男女にアピールしています。残念ながらプルケは保存や輸送が難しいので、メキシコの国外ではアガベはメスカルという、より長持ちで、より強力な飲み物の方がはるかによく知られています。

　メスカルとその高級品であるテキーラは、アガベの樹液からではなく、多肉質の甘い芯から作ります。芯は樹齢 8 〜12年で葉を切り落して収穫します。見た目はまるで巨大なパイナップルで、重さはすこぶる重いスーツケースほどです。それをゆっくりと加圧調理してから潰し、熟練の技で発酵させて、蒸留します。

　テキーラはハリスコ州でブルーアガベからのみ作られた、特別な種類のメスカルです。一部のテキーラの瓶には、「コウモリに配慮して生産された」という喜ばしい追加保証がついていますが、法令により、そのような高級な蒸留酒には決して蛾の幼虫を入れてはならないと定められています。蛾の幼虫は主に外国人向けの仕掛けとして、テキーラより安価なメスカルに、愚かにもときおり入っています。テキーラのがぶ飲みは、たとえ一番ランクが下のものでも好ましくはありません。丹精込めて作られ、熟成を経たテキーラは、ちびちびと味わうだけの価値があります。そこにはブルーアガベの命が吹き込まれているのですから。

メキシコキッコウリュウ
（ヤマノイモ科ヤマノイモ属）

Dioscorea mexicana

ヤマノイモ属は一般に熱帯地方原産のつる植物で、その塊茎――栄養分と水分を蓄えるデンプン質の膨らんだ地下茎――で有名です。多くの種は有毒だったり食用に適さなかったりしますが、世界全体で数百種にのぼるヤマノイモ属のなかには、数千年にわたり品種改良や栽培が行われ、食べられてきたものもあります〔訳注：食用となるものをヤムイモと呼ぶ〕。それらは大きなジャガイモ、あるいは人間の子どもほどの重さになるものもあり、アフリカ中部と南部では主食として食べられ、地域文化と深く絡み合っています。たとえばナイジェリアのイボ族とそこから移住していった人々は、毎年イワジ（Iwa-j、「ヤムイモを食べる」という意味）の儀式を行って新たな収穫を祝いますし、多くの共同体にはヤムイモに関する迷信やタブーがあり、それらをよく物語のなかに取り入れて、人々が危険な種を口にしないようにしています。

　メキシコ南東部の湿潤な森で育つメキシコキッコウリュウ（亀甲竜）は、中心が大胆なあずき色になっている、淡い緑色や淡いピンク色の花を、誇らしげに連ねて咲かせます。生気に満ちた雄花とやや控えめな雌花は別株で咲き、雌花が実らせる暗色の3翼の蒴果（さくか）は、種子を散布し終えると平らに折りたたむことができます。塊茎は食べられませんが「コーデックス」と呼ばれ、コルク質の外層に亀甲模様が深く刻まれています。それらは一部が土に埋もれてドーム形になっており、バスのタイヤほどの大きさになることもあります。メキシコキッコウリュウは収集家にとって自慢の逸品であり、植物園にとってもエキゾチックな珍品ですが、その真に誇れる名声はコーデックスに存在するジオスゲニンという物質です。植物にとってジオスゲニンは天然の防御物質の1つですが、私たちにとっては、人体に多大な影響を与えるステロイドの製造に不可欠な出発原料なのです。ステロイドにはたとえば、喘息、関節リウマチなど多様な自己免疫疾患の薬や、プロゲステロンやテストステロンなどの性ホルモンがあります。

　ステロイドの使用は1940年代に広がりましたが、動物やヒトにさえも由来する薬は目の玉が飛び出るほど高価でした。かつては1人の関節炎患者をわずか1日治療するのに使うコルチゾンをまかなうには、40頭の雄牛が必要だったのです。同様に、さまざまな月経トラブルの緩和に使われる性ホルモンも、妊娠中の女性や雌馬の尿から抽出するという高価で魅力的とはいいがたい方法で作られていました。雌馬からの採尿方法は厳密には明らかにされていません。製薬業界はステロイドの新たな供給源を渇望していました。

ジオスゲニンは1940年代初頭にメキシコキッコウリュウから初めて分離され、その後すぐに、より多くの量が採れる近縁種のディオスコレア・コンポジタ（*Dioscorea composita*）からも分離されました。1940年代半ばまでには、化学者たちはヤマノイモ属の塊茎を使って、ステロイドの合成に成功しました。最初はプロゲステロン、次はテストステロンで、そしてついに1951年にメキシコシティで、人々の人生を一変させる抗炎症ステロイド剤、コルチゾンの合成に成功したのです。その年、米国の『フォーチュン』誌は、「ジャングルの根っこの化学産業」はおそらく「国境の南側からこれまでに聞こえてきたもののなかで最大の科学技術の前進であろう」と慇懃無礼に伝えました。

　なかでも最大の前進は、塊茎由来のプロゲステロンなどのホルモンの使用です。女性の体を騙してあたかも妊娠中であるかのようにふるまわせることで、排卵を抑制したのです。避妊用ピルが誕生しました。それはすぐさま革命を巻き起こし、婚外のセックスに対する態度を変え、より寛容な社会を作りだし、女性たちは教育の継続やキャリアの追求を決定できるようになりました。1960年代初頭に世界初のピルが売りだされると、世界中の製薬会社のホルモンに対する需要は激増しました。ホルモンの合成に成功し、塊茎も入手できたメキシコは独占権を持っていたため、数万人の小作農が適切な種を求めて森のなかを探し回り、乏しい収入の足しにしました。多くのヤマノイモ属の葉はよく似ているので、それは細心の注意を要する仕事でしたし、塊茎を手で掘りあげ、茂みをかき分けて運びだし、仲買人のネットワークと取引するのは骨の折れる仕事でもありました。1960年代後半には内政問題と国際競争があいまってメキシコは主導権を失いましたが、今では塊茎は栽培され、依然としてステロイド薬や避妊薬の原料の供給源となっています。

　ヤマノイモ属の一部の種は主食となって生命を維持し、他の種は生命を守る薬の原料となります。いずれにせよ、見事なハート形の葉をもつ植物が大勢の人々の幸福と性生活に多大な影響を与えてきたとは、なんとまあ収まりのよい話でしょう。

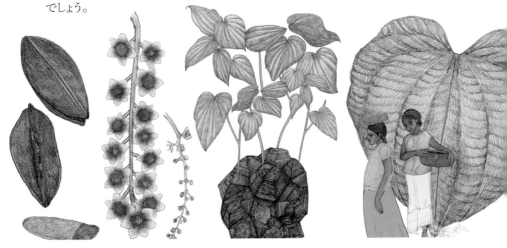

メキシコ
オオガタホウケン
（別名ノパル、サボテン科オプンティア属）

Opuntia ficus-indica

ウチワサボテンの仲間であるオオガタホウケン（大型宝剣）は、メキシコでは非常に愛されている自生植物ですが、他のほとんどの場所では問題となっています。乾燥した環境によく適応し、多くの場合、踏み込むことのできないふぞろいな茂みとなって、高さ3mほどに成長します。ディナー皿〔訳注：直径25cmほど〕大の楕円形の葉のような部分は、実際には葉ではなく、水を蓄える平たい茎（茎節）で、葉は草食動物を怖気づかせる凶暴な棘に変化しています。ロウ質で覆われているため、水分は蒸発しづらく、全体が落ち着いた灰緑色に見えます。鋭い棘を取り除いた若い茎節は、刻んで調理すると、歯ごたえと少し酸味のあるノパリトスというメキシコのサイドディッシュになります。サボテンを食べると、おいしくて、どこか大胆な気分になるものです。

　アステカ族にとってオオガタホウケンは「太陽の女神」テオノチトリであり、確かにその花は黄色と橙色を誇らしげに炸裂させています。果実は感じのよいマットな質感で、熟すとあんず色や赤紫色になりますが、微細な逆刺がついた毛状の棘——芒刺——に守られており、これが容易に皮膚にはまり込んで、猛烈なかゆみを引き起こします。とはいえ、淡い黄金色や赤ワイン色の果肉はジューシーで、うっとりするおいしさです。驚くほど甘くてメロンを思わせますが、釣り合う酸味がないので、本当の意味での爽やかさには欠けます。

　果実と茎節は美味ですが、正直にいうと「それほど」特別ではありません。でもこのサボテンにはメキシコ国旗の中央に描かれるに足る、文化的重要性があるのです。その理由は樹液を吸うコチニールカイガラムシ（*Dactylopius coccus*）で、この昆虫はほぼウチワサボテンの茎節でしか繁殖しません。彼らが吸う樹液は無色ですが、その小さな体内で、アリや鳥やネズミに対する防御物質である、ぎょっとするほど赤い色のカルミン酸を作りだして、蓄えるのです。

　少なくとも2,000年前、中米では人々がコチニールカイガラムシの色素を使って織物を染めていました。アステカ族は最高に鮮やかな染料をできるだけ多く入手するため、その昆虫とサボテンを手塩にかけて育て、現在でもメキシコとペルーで存続している農業システムを作りだしました。雌のコロニーを茎節ごとに入念に振り分け、ブラシのような簡素な道具でさっと集めて（雌たちは干からびないようロウ質の白い粉を分泌しますが、そのせいで簡単に見つかってしまいます）、それを乾燥させ、粉末にするのです。1kgの粉末を作るには、13万匹以上のコチニールカイガラムシが必要です。

1500年代にやってきたスペインの侵略者たちは、まばゆいばかりの色鮮やかなアステカの織物に度肝を抜かれました。ヨーロッパの赤い染料はもっと地味で、恐ろしく高価で、扱いづらかったのです。そういうわけで、コチニールが銀と金に次ぐ輸出の稼ぎ頭となったのは驚くにあたりません。コチニールの緋色は王族の贅沢品となりました。緋色のターバンやマントは、ルネサンス期の職業人にとって成功の証でした。19世紀初頭には、コチニールで縞模様を赤く染めた星条旗がはためく姿から米国の国歌が誕生し、1860年にはガスパーレ・カンパリが、新たに考案したリキュールに、コチニールで独特の赤い色をつけました。

　スペインは200年にわたってコチニールの供給源を隠しとおし、その独占を執拗なまでに守り抜きました。真実がついに明らかになると、ヨーロッパの列強が自国の植民地でメキシコでの生産を模倣しようとし、サボテンと昆虫は世界中に密輸されて繁殖が行われました。しかし成功は限定的で、生態系に悲惨な結果をもたらしました。たとえば1788年にニューサウスウェールズ総督は、サボテンにとって最適な広大な乾燥地が広がるオーストラリアに、ウチワサボテンとコチニールカイガラムシを持ち込みました。成功間違いなし、と思いますよね？

　ところが故郷のメキシコの環境に合わせ、細心の注意を払って育てられていたその気難しい昆虫は、新天地では繁殖できず、捕食者のいないサボテンは狂ったように広がっていったのです。1925年までには26万km^{2}もの貴重な放牧地に襲い掛かっていました。伐採や焼却、数千トンもの恐ろしいヒ素化合物の使用など、さまざまな攻撃方法が用いられましたが、いずれもサボテンの前進を止めることはできませんでした。たまりかねてサボテンを食べる昆虫を導入したところ、この「生物的防除」法が有望であることがわかり、ついに1920年代後半から国を挙げての大規模なキャンペーンが始まりました。オレンジ色と黒色の美しい縞模様の幼虫がウチワサボテンを食べる、サボテンガ（*Cactoblastis cactorum*）という心強い名前をもつ蛾〔訳注：学名の*Cactoblastis*は「サボテンに大打撃を与える」という意味〕の卵を30億個、南米から持ち込んだのです。クイーンズランド州のブーナーガという小さな町にあるカクトブラスティス記念館は、人々のあふれでる感謝と安堵の念だけでなく、外来種を持ち込む危険性を今に伝えています。残念ながらウチワサボテンは、多くの国では破壊的な侵略者であり、オーストラリアでは大きな成果を上げたサボテンガ自体も、今や世界の他の場所では別の種のサボテンを脅かしています。

　織物の染色は1900年までには合成染料がコチニールに取って代わりましたが、食品や化粧品については人工添加物に対する健康上の懸念が追い風となって、コチニールが使われ続けています。カルミンとも称されるコチニール染料は、広くお菓子や清涼飲料の着色に、またとりわけ口紅のくっきりとした魅惑的な赤色に使われています。それは太陽の女神を鮮烈に思い起こさせます。

コスタリカ
パイナップル
（パイナップル科アナナス属）

Ananas comosus

パイナップルは数千年にわたり中米およびカリブ海の全域で栽培されてきましたが、原産地はおそらくブラジル中部の比較的乾燥した低地です。そのためパイナップルは、果汁たっぷりの実をつける植物にしてはおそらく異例なことに、干ばつに耐え、サボテンと同じ特別な光合成を行います（180ページのベンケイチュウ参照）。最高の風味と収穫量を実現するには、熱帯の日光と一定の日長が必要で、コスタリカは最大の生産国となっています。

パイナップルは人の腰の高さほどに成長します。葉は頑丈で縁に棘があり、潑剌とした小花が100個以上集まった魅力的な花を咲かせます。小花は紫色や緋色の長い3枚の花びらが重なり、筒状になっています。野生ではハチドリが受粉しますが、そうすると硬い種子ができるので、農園では受粉を避け、代わりに植物体の一部からクローンを作ります。花が咲き終わると個々のベリーが融合し、「多花果」と呼ばれる私たちにおなじみのパイナップルを実らせます。

1496年にクリストファー・コロンブスが、航海を奇跡的に生き延びたパイナップルをカリブ海から持ち帰ると、それはヨーロッパで旋風を巻き起こしました。王族のお墨つきを与えられ、異国情緒にあふれ、途方もなく入手困難で、口やかましい聖書の教えとは無縁のパイナップルは、気高さと富と完璧な味を象徴するものとなりました。

上流階級と結びついたためなのか、英国人はパイナップルに異様に執着するようになりました。貴族たちが庭師や石炭やガラス張りの温室に莫大な金をつぎ込み、18世紀半ばには、ついにパイナップルはなんとか実を結ぶようになりました。これらのパイナップルは食べてしまうにはあまりにも高価だったため、晩餐会の席に飾られただけでなく、レンタルにも出されました。それを借りれば、誰でも主催者として招待客を感心させたり、それを格式の高い装飾品にして夜会でおもしろがったりできました。「パイナップル」という言葉でさえ、卓越性と関連づけられました。1770年代に日記作家のジェイムズ・ボズウェルは、スコットランドのヘブリディーズ諸島を旅行中に1通の手紙を受け取った贅沢を「最高の味のパイナップル」と表現しましたし、劇作家のリチャード・ブリンズリー・シェリダンは、登場人物の1人について「まさにパイナップルの礼儀正しさ」と描写しました。この果物は洗練されたウェッジウッドの陶器にも、あまたの建築装飾品にも、ときには富と虚栄心が手を組み、建物全体にも影響を与えました。

19世紀初頭には「パイナップル・ピット」〔訳注：馬糞などの堆肥が分解する熱

を利用した、パイナップル専用の半地下の温室〕を備えた特別な温室が普及し、その甘酸っぱい味がより知られるようになりましたが、それでも熱狂は続きました。植民地からの輸入品が出回ってパイナップルの地位がついに失墜する60年ほど前に、英国のエッセイスト、チャールズ・ラムは息をひそめて書き記しています。「パイナップルは……人間が味わうにはあまりにも官能的だ。近づく唇を彼女は傷つけ擦りむく──恋人のキスのように嚙みつくのだ。それは獰猛で狂おしい、彼女の美味の痛みに接する喜びなのである」。ひょっとするとラムはパイナップルについてはもちろん、自分について語っているのかもしれません。

バルバドス

オウコチョウ
（マメ科ジャケツイバラ属）

Caesalpinia pulcherrima

オ ウコチョウは栽培が容易な観賞用の灌木もしくは小ぶりな木で、原産地は中米かカリブ海地域とみられますが、熱帯全域に広まっていて確かなことはわかりません。peacock flower（孔雀の花）という英語名は、きっと孔雀を見たことがない人がつけたのでしょう。確かに花は派手ですが、それらはむしろ、黄色と橙色と赤色のまばゆい陽光です。

　オウコチョウはアゲハチョウとともに進化してきました。彼らはこうした暖色系の色合いに敏感で、花から花へと飛んでいく途中、オウコチョウ以外の種にはほとんど見向きもしません。彼らの羽にはべたべたしたビシンの微細な糸でくくられた花粉の塊がどんどんくっいていき、そのおかげで花粉は、蝶が次の花に停まって羽をはためかせている間にすばやく移動できるのです。

　献身的に受粉してくれる蝶へのお返しに、オウコチョウは彼らのニーズに特化した糖とアミノ酸の花蜜を提供します。またこの花は、滋養に富んだ甘いドリンクをめぐる蝶の主たる競争相手——いつも腹を空かせているハチドリ——の気力をくじく、複数の戦略ももっています。まず花蜜は、蝶が探し回っているときに最も盛んに作られ、ハチドリが最も活発になるときには涸れてしまいます。また他の花びらよりもはるかに小さい5番目の花びらは、他の4枚の赤い花びらを背景とした黄色い目印になります。これは蝶にとっては蜜のありかを示す確実な誘いとなりますが、鳥にはそれほど魅力的には映りません。そして花びらの付け根にある赤い蜜腺は、蜜を吸いたい空腹のハチドリの舌には狭すぎて合致しないのです。

　生気あふれるオウコチョウですが、悲しみを抱えてもいます。その種子には毒が含まれ、この地域の部族民は家族計画の手段として、堕胎のためにそれを使ってきました。奴隷制の時代には、プランテーションの未来の富を増やすために子どもを産むことを求められた奴隷の女性たちが、オウコチョウの種子を頼りに赤ん坊を流し、彼らが残酷で屈辱的な人生に産み落とされないようにしました。

　2018年のヘンリー王子との結婚式で、メーガン・マークルが身にまとった華やかで流れるようなベールには、英連邦の各国を代表する植物が刺繍されていました。バルバドスを象徴したオウコチョウは、奴隷貿易を痛切に想起させるとともに、サセックス公爵夫人自身の家系とも重々しく共鳴していました。

アメリカ
アサ
（アサ科アサ属）
Cannabis sativa

アサはよく単に「草（ウィード）」と呼ばれますが、まさにそんな風情です。縁にギザギザのある、指を広げた手のような形の葉——随所で目にする、反体制文化の象徴——から容易に識別できるこの植物は、奔放で、生息環境にうるさいことをいわず、人の背丈をはるかに超えて成長します。淡緑色の花は目立ちませんが、トリコームと呼ばれる腺毛から滲みだす小さな樹脂の滴が、花のつぼみ、とりわけ雌株の花のつぼみに、露に濡れたような輝きを与えます。その滴には、病害虫から身を守る香りのよい物質が含まれていますが、そのなかの一部の分子はヒトの脳内や体内にある、痛みや気分、記憶、睡眠、食欲を調節する受容体に、するりとはまり込みます。アサのそうした薬物成分には、向精神作用のあるテトラヒドロカンナビノール（THC）や、向精神作用はないけれども慢性的な痛み、化学療法による吐き気、ある種のてんかんなどの症状の治療に大いに期待できるカンナビジオール（CBD）などがあります。

中央アジアから世界各地に広がったアサは、地元のニーズを満たすためにさまざまな品種が栽培されてきました。少なくとも1960年代以降の欧米では、娯楽用ドラッグとしての使用に重きが置かれました。品種が非常に効果的に改良され、最近では技術改良もあって、それらにはヒッピー全盛期のアサの10倍ものTHCが含まれており、常用は精神障害といっそう結びついています。しかしアサは、歴史的には主に繊維（麻）のために栽培されてきました。中国では紀元前2800年にはすでに織物の原料でしたし、ローマ人にとってそれは生活物資でした。中世の戦争で主要な武器だったロングボウは、麻を編んだ弦を引いて射ました。アマ（36ページ）よりも強靱で、水分や塩分に対してさらに耐性をもつ麻の帆布——canvas（帆布（カンバス））はcannabis（アサ（カナビス））が転訛した言葉——は、麻のロープで固定され、帝国の艦隊を動かす力となりました。アサは戦略的にきわめて重要だったため、16世紀の英国君主ヘンリー8世とエリザベス1世は地主にアサの栽培を命じ、この政策は1630年代に北米の植民地マサチューセッツとコネチカットでも採用されました。アサの繊維は優れた紙にもなりました。聖書も紙幣も、米国独立宣言の原案でさえも、すべて麻紙で作られたのです。

しかし中近東では、古くからアサの陶酔作用が重視されていました。紀元前500年までには、黒海周辺の遊牧民族スキタイ人は、1人用の羊皮のテントのなかで燃えさしにアサを積み重ねて体を温め、その煙でいい気分になる、つまりハイになるという習慣がありました。同じ頃、インドのヒンズー教では、アサを

使って静かな悟りの境地に達していました。ハシッシュ——多くの場合、規格化された塊として流通する大麻樹脂——を吸飲する習慣はやがてアラブ世界全体に広がり、18世紀末にナポレオン軍がエジプト遠征から戻ると、ついにヨーロッパに広がりました。

　1840年代後半にはヴィクトル・ユーゴー、アレクサンドル・デュマ、オノレ・ド・バルザック、シャルル・ボードレール（彼はアブサンにも夢中でした。25ページ参照）など、パリの奔放な作家たちがハシッシュ倶楽部を結成して、ピスタチオ、柑橘系の果汁、スパイス、樹脂をたっぷり含んだアサの花穂で作ったダワメスク（dawamesk）という甘いペーストをともに味わいました。1880年代には、数多くの欧米の都市や、ニューヨークだけでも数百軒あったハシッシュパーラーがしのぎを削り、東洋風の現実逃避と偽りの隠遁を客に提供しました。通りから見ると控えめな店構えの奥には、異国情緒あふれる彫刻や分厚いペルシア絨毯、豪華なディバン〔訳注：トルコ風のソファーベッド〕でしつらえた、ろうそくの灯された豪奢で居心地のよい小部屋がありました。顧客は刺繍を施したローブを纏い、タッセルつきのスモーキングキャップをかぶり、トルコ風の柔らかなスリッパを履いて過ごしたのです。

　アサは古来、リウマチの治療や鎮痛剤として使われてきましたが、1930年代に米国政府は、合成繊維産業や木材産業の有力者によるロビー活動に主に応える形で、栽培を禁じました。その動機づけとなったのは、彼らが主張したような利他的で確たる証拠がない健康上の懸念からではなく、アサの繊維が彼らのビジネスにとって脅威となるからでした。実際のところ、繊維生産に使われるアサの品種でハイになるのは、非常に難しかったことでしょう。１世紀近くを経た今、アサは一部の社会で復権を果たしつつあり、甘酸っぱいような焦げたゴムのようなその独特な煙の匂いはありきたりなものになっています。ひょっとすると、ハシッシュパーラーの復活もあるかもしれません。

アメリカ

クックパイン
（ナンヨウスギ科ナンヨウスギ属）

Araucaria columnaris

17 70年代にジェームズ・クックの探検航海中に発見されたクックパインは、南太平洋に浮かぶニューカレドニアの島々が原産地ですが、以来、日当たりのよい温暖な場所に広く植えられ、カリフォルニアの大学のキャンパスでは特に好まれているようです。南米のチリ（とあまりにも多くの郊外の庭）で見かけるチリマツ（別名ヨロイマツ、*Araucaria araucana*）の近縁種ですが、チリマツほど「鎧」には覆われておらず、もっと優雅です。このすらりとした高木のたおやかな小枝はまるで組紐のようで、思わず撫でたくなります。雄の木はその小枝の先端に、小さなキツネの尾のような、花粉を蓄えた美しい雄花を見せびらかすようにつけます。雌の木がつける種子の入った球果は、中身が充実していて表面はうろこ状です。

　クックパインには1つ不思議な形質があります。カリフォルニアのほとんどのクックパインは概ね南に向かって、かなり劇的に——平均でピサの斜塔の2倍——傾いているのです。ハワイではほぼ垂直ですが、オーストラリアでは明らかに北に傾いています。驚くべきことに大半のクックパインは赤道に向かって傾斜し、北または南にいくほど傾きが大きくなるのです。このようなふるまいが観察されている樹種は、世界でもクックパインだけです。

　木は垂直に成長するよう進化してきました。自重で梃子のようになって地面から抜けてしまったり、倒れたりしにくくなるからです。樹高が高くなればなるほど、木はより頑なに直立しようとすると私たちは考えますが、どちらの方向が真上かを知るのは決して簡単なことではありません。木は概ね光のほうへと伸びていきますが、空の最も明るいところが真上であることはめったになく、それは時間帯や季節、近くの植物が落とす影によって変化します。結果として、植物は重力の方向を感知する「装置」を作りだしました。一部の特別な細胞には「平衡石」と呼ばれる微細なデンプン粒が入っていて、これらは常に軽く揺り動かされ、必ず細胞の底に収まるようになっています。それによりこれらの細胞は、厳密にどの方向が垂直かを植物に効果的に伝えているのです。ひょっとすると、クックパインはこの重力センサーがうまく働いていないのかもしれません。あるいは傾くことでこの木が進化してきた場所になんらかのメリットを与えてきたのかもしれませんが、誰にもわかっていません。

Cypripedium parviflorum

Angraecum sesquipedale

Oncidium

シプリペディウム・パルビフローラムなどのラン
（ラン科アツモリソウ属など）

Cypripedium parviflorum et al.

ランは28,000種以上存在します。その複雑で高度に進化した花は、昆虫を、そして私たちを、風変わりな形やふるまいで魅了します。ランが人間の顔のような並外れて左右相称の花を咲かせるのも、飛行中の虫にはちらちら明滅して見える、斑点や縞や破線の模様をもつのも、一部の送粉者が好むからです。

ランは昆虫（と数種の鳥）との間にきわめて特殊な関係を築いてきました。彼らは花粉を運ぶ際に、他の種の花には目もくれません。1862年にチャールズ・ダーウィンは、マダガスカル島からアングレカム・セスキペダレ（*Angraecum sesquipedale*）というとんでもないランを入手したとき、こう書き残しています。「こりゃ驚いた。いったいどんな昆虫ならこの花の蜜を吸えるというんだ?」。光沢のあるその白い花には長さ30cmもの細い管がついていて、蜜はその奥にあったのです。巨大なスズメガが、長さ30cmの巻き上げ式の口吻でその花から蜜を飲み、花粉の「小包」を積み込んでいるのがようやく観察されたのは、ダーウィンが亡くなった後でした。両者の関係がそれほど緊密だと、ランは昆虫が姿を消してしまえば、繁殖できなくなります。

多くのランのふるまいは、実に不誠実です。全ラン種のおよそ1/3が食料やセックスを約束して送粉者を誘惑しておきながら、何の報酬も与えません。欺く側のランは花粉をただで運んでもらいますが、そのような欺瞞が通用するのは、その割合が昆虫にとって許容できるほど低い場合だけです。そうでなければ、すべてのランが苦しむことになります。騙されるのはたいてい雄の昆虫です。北米の冷涼湿潤な森の下層で美しい黄色い花を咲かせるシプリペディウム・パルビフローラムは、19世紀にヒステリーなどの「女性の病」を治す鎮静剤として乱獲されました。橙色の点々のある鮮黄色のぷっくりした唇弁には、濃いえび茶色のねじれた花びらが両側についています。香りと色で唇弁のなかへ引き寄せられたハチは、微細な毛に誘導され、花粉を塗りたくられて、後方の狭い出口から姿を現します。コリアンテス・スペキオサ（*Coryanthes speciosa*）というカリブ海のバケツランは、粘着性の液体が入った側面が滑らかなバケツのなかにハチを捕えます。彼らが脱出するには、花粉塊をくっつけられて粘着性の液体が乾くまでのおよそ30分間、動きを封じられる細い通路をとおるしかありません。

大半のランの花粉は小さな粘着盤がついた花粉塊——ごま粒大のロウ質の「小包」——に詰め込まれています。温暖な南北アメリカ大陸では、黄色と黄褐色の可憐なオンシジューム属（*Oncidium*）がハチの攻撃的な行動を利用して

いています。雄のハチは花を競争相手と間違えて頭突きをお見舞いし、花粉塊を驚くべき精度でかっさらうと、次の花へ向かい、その搭載した「爆弾」を同じ精度でくらわせるのです。一方、フロリダのブラッシア・ダタコーサ（*Brassia caudata*）は、クモの脚にそっくりなまだら模様のある細長い黄緑色の花びらで、クモを狩るスズメバチの雌（たまには雄も騙されます！）を誘います。スズメバチは獲物だと信じているものと格闘している間に、花粉を受け取るのです。

　雄の昆虫は案の定、潜在的な性的パートナーに気を取られます。オーストラリアのドラカエア・グリプトドン（*Drakaea glyptodon*）は、見た目も匂いも雌のハチそっくりですが、雄が交尾しようと抱きつくと、蝶番のついた花の構造によって、雄のハチに花粉が叩きつけられます。ヨーロッパと北アフリカのオフリス属（*Ophrys*）は擬態の名手です。オフリス・スペクルム（*O. speculum*）はハエの青光りする細かい毛を模倣していますし、オフリス・インセクティフェラ（*O. insectifera*）は、その微細な表面構造が触り心地まで本物そっくりです。

　南米のカタセツム属（*Catasetum*）はシタバチを引き寄せ、彼らが唇弁にある発射装置を押すと、背中に強烈なパンチをくらわせて花粉塊をくっつけます。試しにダーウィンがクジラの骨の細片でハチの真似事をしてみたところ、花粉塊は1m近く離れた窓に当たり、付着しました。強打を浴びたハチは当然ながら雄花を避けてまっすぐに雌花へ飛んでいき、そこで花粉塊は、ご想像のとおり、完璧に配置された溝のなかで受け取られます。西オーストラリアのリザンテラ・ガルドネリ（*Rhizanthella gardneri*）は、地下で育ち地下で花を咲かせる非常に珍しいランです。光合成の代わりに菌類から栄養分を得ます。アリや甲虫を香りでおびき寄せて受粉をし、その結果できた種子は小動物が散布しているのでしょう。

　大半のランの種子は塵のように小さく容易に散布されますが、発芽に必要な栄養分を携えていないので、どこにたどり着くにしても友好的な共生菌がいてくれなければなりません。野生では、共生菌から得られる栄養分だけで生き延びるしかないからです。そういうわけで、人の爪ほどの大きさの蒴果に100万個を超える種子が入っているのは、大事なことなのです。申し分のない共生菌に幸運にも巡り合う確率は途方もなく低く、自生地の外でランが自然に発芽するのはほぼ不可能です。栄養分を含んだ培地で種子を育てる技術が開発された1890年代以前には、あらゆる野生のランが丹念に採集されて一部の種の絶滅を引き起こしましたが、それがかえってランの神秘性を高めることになりました。

　香りと視覚のシグナルで昆虫をおびき寄せたり、操ったりするよう見事に進化したランは、人間をも虜にしています。顔を認識するべく進化した私たちもまた、左右相称のランに不思議と抗えないようにプログラミングされているのです。その芳しい香りと、風変わりで妙に艶めかしい形が、ランが纏う退廃といたずら好きなオーラをいっそう輝かせています。

Catasetum osculatum

Coryanthes speciosa

Ophrys speculum

D. glyptodon

Ophrys apifera

Pterostylis sanguinea

Ophrys insectifera

Brassia caudata

Rhizanthella gardneri

Dendrophylax lindenii

アメリカ
ベンケイチュウ
（別名サグアロ、サボテン科カルネギエア属）

Carnegiea gigantea

泰然自若とした佇（たたず）まいのベンケイチュウ（弁慶柱）は、自然が巧みに構築した驚くべき工学的偉業であり、米国南西部のソノラ砂漠を象徴する植物です。内部に数十本の硬い木質の補強筋をとおして、200年かけて重さ10トン、高さ15mにも成長するのです。幹の先端はときおり理由もなく「とさか」状になり、ひだが複雑に入り組んだ灰色っぽい扇形を形成します。

ベンケイチュウは砂漠の暮らしにうまく適応しています。ほとんどの植物は日中、気孔から二酸化炭素を取り込みますが、その際に水分の損失に耐えなければなりません。ところがサボテンやパイナップル（168ページ）などの乾燥地で進化した植物は、暑い日中は気孔を完全に閉じて水分の損失を極力抑えます。そして涼しい夜になると気孔を開いて二酸化炭素を吸収し、それを別の物質に変えて蓄え、翌日の光合成に備えるのです。

ベンケイチュウの凶暴な棘（とげ）は大半の草食動物を退けますが、キツツキの仲間であるサバクシマセゲラはまんまと巣穴を作ることができます。その巣穴はのちにフィンチやサボテンフクロウなどの鳥が使います。ベンケイチュウは硬い癒傷（ゆしょう）組織で巣穴を裏打ちするので、朽ち果てた後は、人々がこの天然のカップを便利な容器として使ってきました。

樹齢70年ほどになると、ベンケイチュウは花を咲かせ始めます。5月になると、目に染みるほど真っ白で光沢のあるティーカップ大の花が咲き、日中は昆虫が、夜間はレッサーハナナガコウモリが訪れます。深紅色の果実は赤い果肉のなかに黒光りする種子が入っており、砂漠の多くの生き物の大好物です。アメリカ先住民のトホノ・オオダム族は長い棒を使って果実を収穫し、シロップにしたり、発酵させて儀式に用いる「ティスウィン」（苺のような風味をもつ強いビール）を作ったりします。

サボテンの樹齢がわかる研究者によると、多くのベンケイチュウが1884年に発芽していました。インドネシアのクラカタウで大噴火が起きた翌年のことで、噴出した大量の粉塵によって降雨のパターンが変わったのです。一時的にソノラ砂漠は湿潤になり、ベンケイチュウの種子に特別なチャンスを与えました。他の噴火でも、同様の影響が生じることが確認されています。こうした過酷な環境では、地球の反対側で起きるわずか1回の噴火でも生死の分かれ目となるのです。

アメリカ
トウモロコシ
（イネ科トウモロコシ属）

Zea mays

英国では maize（メイズ）、北米やオーストラリアでは corn（コーン）と称されるトウモロコシは、潑溂（はつらつ）としたたくましい一年草で、丈はしばしば3mを超えます。主茎の先端には雄花（雄穂）が生じ、極細の糸にぶら下がった黄色い葯（やく）が花粉を風に放ちます。雌花（雌穂）には緑色の絹糸のような束——受精の準備が整った長く伸びた数百本のめしべ——があり、それぞれの柱頭（めしべの頂部）の反対の端に豆粒大の種子（穀粒）が実ります。現代のトウモロコシは、穀粒が穂軸についたままになるように改良されました。トウモロコシもまた、種子の散布を人間に頼っている穀物なのです。

　トウモロコシの祖先が、中米の高地に育つ快活なイネ科の植物で、硬い三角形の種子が10粒ほど一直線に並んでいるだけのテオシント（別名ブタモロコシ）だとは信じがたいものがあります。テオシントは9,000年以上前にメキシコ南部で栽培され始めました。おそらく最初は茎に含まれる糖を発酵させることを目的として、その後はしだいに、より大きく、より多く、より種皮が柔らかい穀粒を得るために選択されたのでしょう。紀元前1500年頃までには、トウモロコシはすでに重要な食料として地域文化の中核をなしていました。インカの宮殿は金や銀のトウモロコシのモチーフで飾られていましたし、マヤの豊穣のシンボルは生贄の腹から芽吹いたトウモロコシでした。トウモロコシの初期の品種の穀粒は見事なポップコーンになりました。三本脚の専用の鍋で素早く加熱すれば、頑丈な種子は蒸気を限界まで閉じ込め、ついに弾け飛んだことでしょう。アステカ時代には、ポップコーンは漁師を守る儀式として海に撒かれたり、ガーランドにして若い女性が儀式で身に着け、雨と豊饒の神トラロックに敬意を表したりしました。

　15世紀末までに、200種類を超えるトウモロコシが栽培され、南北アメリカ大陸全域に広まりました。一部はスペイン人によってヨーロッパに運ばれ、そこから世界へと広がりました。北米ではトウモロコシの栽培がヨーロッパ人の定住を加速させました。わずかな種子から大きな収穫が得られ、未耕作地でも容易に育ったからです。19世紀には、アメリカ先住民が改良してきた品種をもとに交配種が作られ、そこから今や世界全体で10億トン超が生産されるスーパー作物が誕生しました。毎年、米国だけで37万 km^2 の土地にトウモロコシが植えられますが、人間が消費するスウィートコーン（甘味種）はそのうちの10%に満たず、およそ40%は家畜の餌となります。残りの大半は発酵させて車両燃料用のエタノールにしたり、産業用に回されて、甘味料として多用される高果糖コーンシロップ

（HFCS）〔訳注：日本では果糖ブドウ糖液糖などと表示〕などにします。

　トウモロコシの最新の栽培品種は驚異的な収量をもたらしますが、外見的にも遺伝的にも不気味なほど画一的です。そのためトウモロコシの病害虫に対して耐性をもつような野生のテオシントの近縁種を保護することは、品種改良にとってきわめて重要です。メキシコでは画一性の多彩な「欠如」が今なおお称賛されており、その象徴が虹のようにカラフルなトウモロコシの穀粒です。かの地では、菌類による感染症もすべてが否定的に捉えられているわけではありません。黒穂病にかかったトウモロコシは穀粒が肥大し、栄養分を吸収した菌糸がビロードのような消し炭色の菌こぶを形成します。メキシコではこれをウイトラコチェ（huitlacoche）と呼び、収穫してスープやソースにするのです。栄養価の高い食品として、またそのスモーキーな甘味からも、高級食材とされています。

　高収量で粒がぎっしり詰まっていて、栽培が容易なトウモロコシは、多くの国で非常に重要な食料となり、ときにそれは危険なレベルに達しました。トウモロコシには人間にとって不可欠な栄養素であるナイアシンが含まれていますが、私たちには吸収できない形で結合しています。トウモロコシ偏重の食事はナイアシンの欠乏によるペラグラを発症させる可能性があり、そうなると皮膚炎や下痢、認知症などを引き起こしてやがて死に至ります。ペラグラはメキシコや中米では問題になりませんでした。マメ科やウリ科の植物や野菜を一緒に食べる文化だったことや、木灰や貝殻の粉などでアルカリ処理するという伝統的なトウモロコシの調理法のおかげで、ナイアシンを摂取できたからです。しかし20世紀初頭に米国では、貧困と無知と「毎食トウモロコシを食べよう」という不幸なマーケティングによってペラグラが引き起こされ、南部の農業州で流行した結果、1906年から1940年の間に約300万件の症例が発生し、10万人以上が死亡しました。一時は南部の精神病院の患者の半数がペラグラ関連の認知症を患っていました。

　ペラグラはトウモロコシに依存する発展途上国では依然として重大なリスクですが、米国では今やまれな病気です。しかし現在、肥満と糖尿病という健康上の悲劇において、コーンシロップの過剰摂取がその一端を担っており、過去の不幸が頭をよぎります。何事も、過ぎたるは及ばざるが如し、なのです。

アメリカ
スパニッシュモス
（別名サルオガセモドキ、パイナップル科ハナアナナス属）
Tillandsia usneoides

スパニッシュモス（Spanish moss）は「スペインの苔」という意味ですが、実際にはパイナップルの近縁種であり苔ではありません。フランスの探検家たちがスペインの征服者たちの長いあごひげを連想して「スペイン人のあごひげ」と呼び、それがやがて「スペインの苔」となりました。湿地の多い米国南部州を薄気味悪くも象徴する植物で、骸骨の指のようなひょろりとした葉が鎖のように絡み合い、樹木や電線から灰緑色のカーテンとなって長く垂れ下がります。ビクトリア朝時代に米国最南部を旅した人々は、「空からクモの巣を掃き取った」ような木や、「月明かりの下ですすり泣く魔女のように」眼前に現れた木について、情感たっぷりに書き記しました。確かに奇妙な植物なのです。

スパニッシュモスは寄生植物ではなく着生植物です。退化した根は「留め具」にすぎず、必要なものはすべて空気中の水分、塵や土埃、自らが着生する樹木の葉から滲みだしたわずかな栄養分が含まれた雨水から、こつこつと拾い集めます。鱗片に覆われた葉は銀色に光って見え、水分とミネラルを長い間捕えて吸収します。青レモン色の花は小さく目立ちませんが、夜になるとほのかに甘い麝香の香りを放ちます。スパニッシュモスはやすやすと生育範囲を広げます。巣作りの材料として鳥に引きちぎられたり、嵐に飛ばされたりした房から完全な植物体に成長しますし、冬になると栗色の蒴果から綿毛のついた微細な種子が放たれて、そよ風を漂い、湿った樹皮の隙間などに引っかかって発芽します。

スパニッシュモス内部の木質の繊維は馬の毛に似ています。アメリカ先住民はそれを乾燥させてマットやロープに使い、その後の入植者たちは、初期の自動車の座席のクッションや布張りの家具の詰め物として利用しました。19世紀半ばにある人物は「ミシシッピ州の木々から垂れ下がるこの植物の量は莫大で、世界中のすべてのマットレスに詰め込んであまりあるだろう」と論評しています。

スパニッシュモスはフードゥー呪術の人形の詰め物にも使われます。フードゥーとは18世紀に西アフリカから米国南部に連れられてきた人々が発展させたルイジアナ・ブードゥーという信仰体系の流れを汲む一派であり、その人形は悪を追い払い、自分に幸運を（まれに、他人に不幸を）もたらすとされます。この植物はフードゥー人形とのつながりからいっそう気味悪がられますが、それらを作る人々は私たちの心のなかのもっと原始的な感情を刺激しているのかもしれません。ひょっとすると、スパニッシュモスとそれが繁茂する湿地は、植物が鬱蒼と茂り人間の手には負えない自然を具現化したものなのかもしれません。

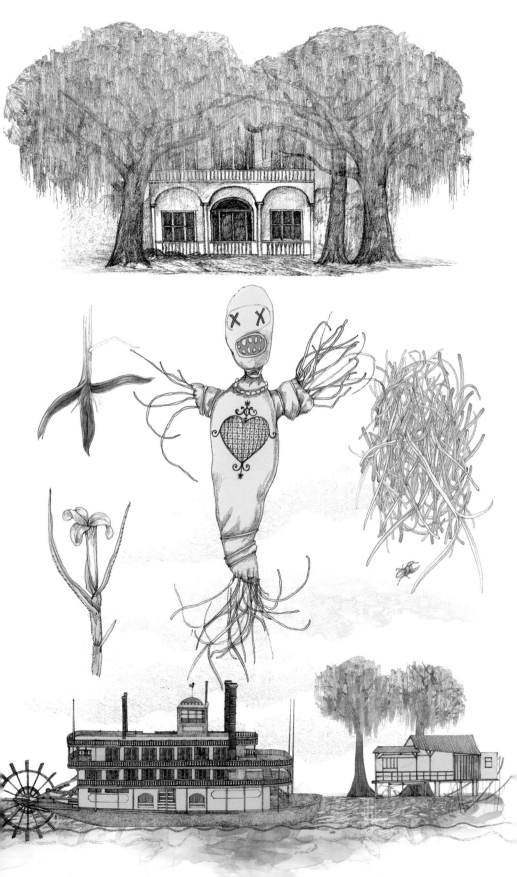

アメリカ
タイサンボク
（モクレン科モクレン属）

Magnolia grandiflora

タイサンボクは、米国南東部の湿潤な森林地帯を原産地とする巨大な観賞用常緑樹です。そのちょっとだらしない白い花は直径がバスケットボールほどもあり、息を呑むほど豪華です。モクレン属には落葉性のものもあり、葉が現れる前に花がいっせいに咲き揃うと、レモンのような香りに圧倒されます。しかしそれらの花には注目すべき理由が他にもあるのです。

およそ1億4,000万年前に始まる白亜紀以前の世界では、針葉樹、イチョウ類、ソテツ類などが繁栄しており、それらの植物は雄の生殖細胞が入った花粉を、風を頼りに散布していました。ある驚くべき進化の時代に、これら裸子植物は自分たちと競合する存在に気づきました。仲人となる昆虫と報酬を与え合う関係を築いた被子植物です。これら最初の被子植物のなかにモクレン類があり、その直系の子孫の1つがモクレン属（マグノリア）なのです。マグノリアは甲虫とともに進化し、滋養に富んだ花粉を唯一の報酬として甲虫たちに与えました。当時はミツバチがいなかったので、蜜は必要ありませんでした。マグノリアの花びらは当時も今も、パートナーである甲虫に食べられないように丈夫な革質になっていて、繊細というよりは、存在感があります。明るい朱色に包まれた種子は、松かさのような原始的な構造から糸状の柄にぶら下がっており、そよ風に揺れながら自らの存在をアピールします。今日それを散布するのは鳥で、地面に落下した後はオポッサムやウズラが行います。

マグノリアの木は美しいだけでなく涼しい木陰を作ってくれるので、大学や公園によく植えられますし、伝統性と落ち着いた華やかさを感じさせる花は安心感があり、米国南部スタイルの結婚式では一般的なモチーフとなっています。とはいえマグノリアは南北戦争の南軍のシンボルであり、初代ミシシッピ州旗にも使われていて、今でも米国南部の白人の強力な──ときには不愉快なほどの──象徴となっています〔訳注：初代州旗だけでなく2020年に採用された3代目州旗にもマグノリアの花はあしらわれている〕。

18世紀半ばに英国ではタイサンボクのちょっとしたブームが起こり、当時設計された庭園ではその堂々たる木を見ることができます。これらの木々には現在、その異国情緒あふれる葉や花のなかで、妙に場違いな英国の鳥たちが暮らしています。

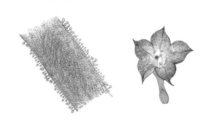

タバコ
（ナス科タバコ属）
Nicotiana tabacum

ナ　ス科の植物にはジャガイモなどの食用植物だけでなく、マンドレイク、ベラ
　　ドンナ、タバコなどがあり、それらはたいてい危険な毒で身を守っていま
す。およそ70種を数えるタバコ属は大半が南北アメリカ原産で、そのうち栽培さ
れているのは2種だけです。ペルー原産でアステカタバコとして知られ、人の腰
の高さほどに育つマルバタバコ（*Nicotiana rustica*）は、ニコチンをたっぷり含
んでおり、殺虫剤の製造に使われたり、精神に作用する薬としてシャーマンが
儀式で使用したりします。ボリビア原産のいわゆる一般的なタバコ（*N.
tabacum*）は、人の背丈ほどに成長する旺盛な一年草です。花は先端が濃いピ
ンク色になった淡色のトランペットのような形で、ゆるく集まって咲き、その後はビ
ー玉サイズの緑色の蒴果となります。なかには穀粒に似た極小の種子が入って
います。タバコが開花や結実に至ることはそう多くはありません。巨大な葉へ栄
養分をいきわたらせるため、成長著しい先端部を摘み取ってしまうからです。収
穫した葉は、温かい場所で吊り下げて寝かせ、おなじみの淡褐色の色合いと
複雑で心地よい革のような香りを作りだします。

　タバコは植物体全体が細かな腺毛で覆われており、黄色い分泌物でべとつ
いています。その分泌物のなかにニコチンが含まれており、それは根で作られ
て全体に運ばれます。神経毒として作用するニコチンは神経インパルス〔訳注：
神経繊維に沿って伝導される化学的・電気的変化〕を遮断して、耐性を進化させ
てこなかったあらゆる昆虫を麻痺させます。もちろん人間にも同じことが起きま
す。純粋なニコチンはほんの2、3滴で命取りとなり、恐ろしいことにそれは皮
膚から吸収されうるのです。もっと少量ならば、用量しだいで興奮剤や鎮静剤と
してじゅうぶんに効果を発揮し、心拍数や血圧を上昇させたり、空腹感や痛み
を抑制したりします。

　タバコは南米で最初に使用された麻酔薬の1つで、ヨーロッパ人の到来前は
先住民が数千年にわたって儀式のなかで、煎じたり、噛んだり、吸入したりし
て摂取していました。1492年にクリストファー・コロンブスがキューバに到着した
とき、現地の人々は撚り合わせたタバコの葉——ハバナ葉巻の原型——から、
あるいは鼻孔に小粋に差し込んだ葦から、「煙を飲んで」いたようです。ほどな
くしてタバコはスペインに到着しました。1560年代にはフランスの外交官ジャン・
ニコがフランスの王宮にタバコを紹介し、この植物にはのちに彼にちなんで学名
とニコチンという名称がつけられました。流行の先端をいくエリートたちは、粉末

にしたタバコ（嗅ぎたばこ）を1、2つまみ吸い込むのが習慣となり、ヨーロッパではその後すぐにパイプ喫煙が人気となりました。

　17世紀初頭、北米バージニアの植民地で最ももうけの出る輸出品だったタバコは、瞬く間に重要な商品になりました。最初のうちは、不作と貧困に喘ぎイングランドやウェールズを離れた年季奉公人が栽培や加工をしていましたが、本国の状況が改善し、生産が拡大すると、すぐにアフリカの奴隷労働力を使うことが当たり前になりました。18世紀半ばまでには、およそ14万人の奴隷が主にバージニアとメリーランドの大規模プランテーションで、英国に出荷するために年間1万5,000トンのタバコの葉を加工していました。「タバコ貴族」のなかには、合衆国建国の父トーマス・ジェファーソンとジョージ・ワシントンもいました。それからおよそ250年後の今、世界全体で10億人以上の喫煙者が年間5.5兆本の紙巻きたばこを消費しています。絶え間ないマーケティングと緩慢な規制によって、発展途上国ではたばこの使用が依然として増え続けています。

　ニコチンはそれ自体にきわめて常習性があり、さまざまな健康問題と関連しているうえ、煙に含まれる他の数百もの物質と組み合わさると、なおいっそう危険です。それらの物質の分子や微細な粒子は、肺だけでなく他の多くの臓器にも悪影響を及ぼすからです。ニコチン業界が提供しているのは、リスクがすぐには表れず、禁煙したい人に身体的にも精神的にも不快な離脱症状を引き起こす、喫煙者の「マストアイテム」です。それは確かに大したビジネスモデルです。たばこ会社は自社の重役と株主に、そしてたばこの税収に依存するようになった政府に、莫大な利益をもたらしてきました。けれどもタバコは他のどの植物よりも多くの人を殺したり、人に障害を負わせたりしてきました。また、食料栽培や貴重な森林環境保護にまわせる地球上の4万km^{2}もの土地を使っています。たばこ会社を模範的な企業市民に見せるために莫大な富を使い、ロビー活動を展開する人々の頭の回転の速さには驚くしかありません。確かに一服のたばこには、抗いがたい魅力があります。

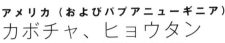

アメリカ（およびパプアニューギニア）
カボチャ、ヒョウタン
（ウリ科カボチャ属、ウリ科ユウガオ属）

Cucurbita spp. and *Lagenaria siceraria*

カボチャ、ヒョウタン、メロン、キュウリはいずれも乾燥地で豊かな実りをもたらすウリ科植物で、地表の近くを這ったり、巻きひげで絡みついて上に伸びたりします。果実はたいてい大きく、食べることができ、色鮮やかです。また硬い外皮のなかに種子とそれを包む多肉質の果肉があり、植物学的にはウリ状果（瓠果）と呼ばれます。カボチャは大半がアンデス山脈から米国南部に至る地域が原産地で、大きな葉をわさわさと茂らせ、先端が5つに尖った派手な黄橙色の花を咲かせます。受粉を行うのは「squash bee（カボチャの蜂）」と呼ばれる孤独な専門家、ミツバチ科のペポナピス（*Peponapis*）属とゼノグロッサ（*Xenoglossa*）属で、彼らはカボチャの下に無害な小さな巣を掘ります。

　もともとカボチャの種子は、メガテリウムやマストドンなどの巨大動物によって散布されていたようで、約1万2,000年前に彼らが絶滅すると野生のカボチャは衰退しましたが、その後1,000年ほどで人間に救出されました。最初は栄養価の高い種子を、その後は品種改良で苦味を取り除いた果肉を目当てに栽培したのです。今日見られる多数の品種は、カボチャ属の一握りの種から誕生しました。

　カボチャは、トウモロコシ（182ページ）、マメとともに、ミルパ農法を構成する「3姉妹」の1つです。これはマヤ文明が生みだし、現在もメキシコの一部で行われている持続型農業システムで、バランスの取れた食事の土台であり、バランスの取れた農地管理学でもありました。多様な豆類をもたらすマメ科植物は、空気中の窒素を固定し（28ページのクローバー参照）、栄養分を渇望するトウモロコシの肥料となります。すると今度はトウモロコシが支柱となって、這い登るマメやカボチャを支えます。カボチャは緑の絨毯となって、土中の水分を保ち、土壌侵食を防ぎ、雑草の繁殖を抑えるのです。北米にやってきた初期の英国人入植者は、先住民からミルパ農法だけでなく、英語でカボチャを意味する「スクワッシュ（squash）」という言葉自体も学びました。この言葉はナラガンセット族の言葉で「生で食べる」という意味をもつ、askutasquashの短縮形です。

　カボチャは通常、食べる時期によって分類されます。柔らかく未熟なうちに収穫されるサマー・スクワッシュは、せいぜい数週間しかもちません。揚げた花もおいしいズッキーニや、縁が波形になった平たいパティパンスクワッシュ〔訳注：日本ではUFOカボチャなどと呼ばれる〕はここに含まれます。バターナッツなど、つるで成熟させるウインター・スクワッシュは秋に収穫し、数か月保存できます。オレンジ色の甘いデンプン質の果肉は茹でても、潰してスープにしても、ナッツの

191

香りがじゅうぶん残りますし、ローストやソテーにすれば香りはさらに強まります。パンプキンというのはある特定の種や品種を指す言葉ではなく、オレンジ色で大きければどんなカボチャもパンプキンになり得ます。感謝祭のディナーに欠かせない甘いソウルフード、パンプキンパイの真髄であり、パイを作る際にはパンプキンの淡白な味を補うために、ショウガとシナモンと砂糖を加えます。古代ケルトの収穫祭サウィンでは、大きな蕪をくり抜き、なかにオイルランプを置いて悪霊を追い払いましたが、19世紀初頭にスコットランドとアイルランドの移民がその風習を米国にもちこんだとき、蕪の代わりにパンプキンを使うようになりました。独創性あり、ユーモアあり、軽い手の怪我もありのどんちゃん騒ぎのなか、毎年１億個以上のパンプキンがくり抜かれてハロウィーンのジャック・オー・ランタンにされ、今ではその習慣がヨーロッパに逆輸入されています。

　パンプキンは漫画的なユーモアも感じさせます。一部の品種はパンプキン・レガッタの漕ぎ手をすっぽり収容するほど巨大ですし、この世界最大の果実を育てるいかにも男性的なコンペもあります（サイズを競い合うことへの病的な執着は男性特有のものでしょう）。その最高記録は１トンをはるかに上回ります。

　アフリカ中部原産のヒョウタン（*Lagenaria siceraria*）は、カボチャの近縁種のつる植物で、うっすら緑色の筋が入った破れた薄紙のような白い花を咲かせ、多様な曲線美を描く頑丈な実をぶら下げます。実を食べることはめったになく、彫刻を施したり、日常のお椀やコップ、あるいは水や牛乳を運ぶ容器にしたりします。ニューギニアの一部ではヒョウタンの１品種が特にその長さと筒状の構造のために栽培され、男たちの普段着の１つであるペニスケースとして使われています。着用の目的については人類学者の間でも意見が分かれますが、地位や男らしさの強調、部族の一員である証明、あるいは単なるお遊び、などではないかと考えられています。ひょっとすると彼らの動機は、巨大なパンプキンを手塩にかけて育てる西洋の男たちと大して変わらないのかもしれません。

Sarracenia flava

Darlingtonia californica

Sarracenia purpurea

Sarracenia oreophila

アメリカ（およびボルネオ島）
ピッチャープランツ
（サラセニア科サラセニア属、サラセニア科ダーリングトニア属、ウツボカズラ科ウツボカズラ属）

Sarracenia, Darlingtonia and *Nepenthes* spp.

植物は通常、葉から吸収する二酸化炭素は別として、必要な栄養分はすべて根から取り込みます。ところが著しく痩せた土壌に直面した500種以上の植物は、肉食に変わることで食べ物を増やしてきました。ある印象的な収斂進化の1例として、異なる大陸に育つまったく無関係な植物群が、内部に液体を溜める驚くほどよく似た壺形の罠——ピッチャー（捕虫袋）——を独自に進化させてきたことが挙げられます。それらは特殊な葉でできており、獲物を誘導したり、なかに溜める雨の量を抑えたりする、蓋や天蓋がついています。

ピッチャープランツはうっとりするような香りを漂わせたり、花や腐肉などの誘惑物をまねた複雑な模様（なかには私たちの目には見えない、紫外線で浮かび上がるものもあります）を見せたりして、獲物をおびき寄せます。誘い込まれた昆虫を待ち構えるのは、ピッチャーへと進むしかなくなる微細な毛、訪問者にハイドロプレーン現象を起こさせて制御不能にする水膜、ナノレベルの表面構造によって獲物に一切の足がかりを与えない高性能なロウ質のコーティングといった一連の罠です。ピッチャー内の液体には消化酵素と、たいてい界面活性剤（昆虫を沈めたり溺れさせたりする湿潤剤）と、分解を促す細菌が入っています。ピッチャープランツから作家はSFホラーの着想を得たり、科学者は材料開発のヒントをもらったりしてきました。たとえばその滑りやすい表面を模倣して、水の抵抗が少なく、フジツボや海藻が付着しにくい船の塗装剤を作ったのです。

ピッチャープランツは繁殖のために送粉者を必要としますが、自分たちの仲人を捕まえて殺してしまうという悲惨なシナリオは避けなければなりません。そのため進化のなかで、花と罠の位置を極力離すとか、開花と罠を仕掛ける時期をずらすといった解決策を編みだしました。なかでもきわめて巧妙なのは、異なる化学的なシグナルを送り、あるグループの昆虫には甘い蜜と引き換えに花にきてもらい、他のグループの昆虫は食べるためにおびき寄せるという策略です。

ムラサキヘイシソウ（*Sarracenia purpurea*）はカナダ南東部と米国北東部の湿地で育ちます。その奇妙に美しい罠は人のふくらはぎほどの高さで群れて立っており、上部のひだにはウサギの耳に透けて見える深紅色の静脈に似た模様があります。そのはるか上では、血赤色の花が細い茎の先端でうつむいています。ムラサキヘイシソウは好き嫌いがなく、アリをたっぷり平らげますし、ダニやハエ、ガガンボ、ナメクジや小さなカエルも食べます。でも獲物の昆虫を取り合

195

う、脚の細長いサラグモをおびき寄せて平らげるのには、とても苦労します。

　米国北西部原産のダーリングトニア・カリフォルニカ（*Darlingtonia californica*）はコブラが鎌首をもたげたような風変わりな見た目です。開口部が下向きで雨が入らないため、根から吸い上げた水で罠を満たします。開口部近くの舌のような突出部には香りのよい蜜がたっぷりありますが、昆虫がひとたびその小さな開口部からなかに入ると、光を透過する天蓋があり、本能的に光に向かって飛んで脱出しようとしても、その天蓋にぶつかって外には出られません。囚われの身となった昆虫は執拗に衝突を繰り返し、ついに力尽きてしまいます。

　東南アジアの森には熱帯のピッチャープランツであるウツボカズラ属（*Nepenthes*）が150種以上生育しています。豪雨によって薄い表土から栄養分が濾しだされてしまう、巨島ボルネオにそびえるキナバル山の斜面では、特に多くの種が見られます。多くは木質のつる植物で高さ15mを超えて絡みついていることもあり、上の方のピッチャーは飛んでいる昆虫を捕まえますが、それとはまったく形の異なる地表付近のピッチャーは、林床を走り回る、ときには齧歯類や小型哺乳類ほど大きな生き物も罠にかけます。ウツボカズラ属が用いる技の多くは、北米のピッチャープランツと共通していますが、さらなる戦術も進化させてきました。一部の種はピッチャー内の液に毒素や麻酔薬を加えており、その液はたいてい粘弾性もあるので、パニックに陥った獲物が気も狂わんばかりにもがけばもがくほど、伸縮性のある細い繊維が生じて効果的に捕縛できるのです。ネペンテス・アルボマギナタ（*N. albomarginata*）はピッチャーの開口部を、シロアリの大好物である地衣類をまねた白っぽい帯状組織で縁取っています。ネペンテス・グラキリス（*N. gracilis*）は、ばねのように弾む蓋の下面に蠅を引き寄せ、蓋の上に落下する雨粒の力を利用して獲物を罠のなかに叩き落とします。生き物を殺さずに必要なものを手に入れる種もあります。ネペンテス・ロウウィ（*N. lowii*）はボルネオ島のツパイに、おいしい白い分泌物を「便器」にまたがらざるを得ない場所で与え、彼らが食事している間に、窒素をたっぷり含んだ排泄物がぴったり正確な場所に落ちるようにしています。ネペンテス・ヘムスレヤナ（*N. hemsleyana*）は、コウモリにねぐらを提供することで同様の成果を得ています。一方、ネペンテス・アンプラリア（*N. ampullaria*）は、ミニチュアの堆肥箱（コンポスト）のなかに落ち葉を捕え、それを頼りに菜食主義の暮らしを送っています。

　チャールズ・ダーウィンは、食虫植物は「世界で最も素晴らしい植物」だと感じていました。度肝を抜かれるような適応に魅了されたからです。でも間違いなく何かもっと深い魅力がありますよね？　擬人化せずにはいられません。ひょっとすると私たちがピッチャープランツに病的なほど魅了されるのは、そのふるまいがあまりにも冷酷な意図をもっているように見えるからかもしれません。ただそこにいるだけなのに、何だか怖くて、落ち着かない気持ちになるのです。

カナダ

オオトウワタ
（キョウチクトウ科トウワタ属）

Asclepias syriaca

人の胸の高さほどにたくましく育つオオトウワタは、毎年夏の数週間、昆虫たちの生命が躍動する花蜜あふれる微小生息域（マイクロハビタット）になります。甘い香りを漂わせる桃色や薄いピンク色の花は、精巧かつ高度に進化しています。昆虫たちは餌を探し回るうちに、花びらの上にある冠のような構造の角（つの）の間にある微小な隙間に、しばしば脚を取られます。ハエや小さなハチはそこで命を落としたり、脚を1、2本残して逃げだしたりします。ミツバチなどのもっと大きな昆虫は身をよじって脱出できますが、彼らがもがいている最中に、長さわずか数mmの2本のアームがついた極小のクリップが脚を摑（つか）み、クリップが花から取り外されるのです。クリップのアームの先には黄金色の花粉の「小包」がついていて、昆虫が飛び立つとアームが乾いてよじれ、次に訪れる花の隙間にその小包が正確に滑り込めるようになっています。こうしてその大切な小包は、しかるべき場所へと送り届けられます。その結果、いぼだらけの蒴果（さくか）ができ、それが熟して破裂すると、なかからびっしり詰まった茶色の平たい種子が現れます。種子には繊細な綿毛がついていて、いつでも風に乗って飛び立てるようになっています。

トウワタ属の茎と葉に含まれる乳液にはカルデノリドという心臓に作用する毒があり、大半の草食動物を阻止しますが、越冬のためメキシコへ何千kmも渡ることで有名なオオカバマダラという蝶は、トウワタの葉の裏に好んで産卵します。黒と白と黄金色の縞模様の幼虫は、孵化後すぐに自分が理想的な食料の上にいることに気づきます。彼らはその葉を食べて育ちますが、毒に耐えるどころか体内に蓄積させ、腹をすかせた鳥から徹底的に嫌われるようにしています。

農業用除草剤の乱用や、道路端や空き地をきれいにしたいという狭量な欲求により、トウワタの自生地は減少してきました。オオカバマダラを助けなければと、多くのガーデナーがトウワタを植えましたが、選んだのはオオトウワタではなく、外来種の「トウワタ」（*Asclepias curassavica*）でした。赤色と橙色の派手な花が好まれたのです。残念ながらこの種は冬になっても確実に枯れてくれないので、オオカバマダラの渡りを邪魔するだけでなく、オオカバマダラを衰弱させる単細胞の寄生虫の通年の宿主となって、感染を延々と継続させてしまいます。

オオトウワタは英語名をcommon milkweed（コモン・ミルクウィード）といいます。現在、オオトウワタを庭に植え、貴重な昆虫の個体数を回復させる動きは進んでいますが、そのような価値ある植物の名前に「ありふれた（common）」とか「雑草（weed）」といった言葉が含まれなければ事態はもっと速く進展したかもしれません。

カナダ
トクサ
（トクサ科トクサ属）

Equisetum hyemale

物　静かで端正なトクサの仲間は、とても、とても、原始的です。それらは植物が昆虫を招き寄せるために花を進化させる前どころか、花粉を獲得する前、いや、種子を実らせる前の時代からの生き残りなのです。

　北半球の冷涼な地域でよく見られるトクサは、じめじめした痩せた土壌で育ちます。緑色の茎は人の指ほどの太さで、筒状になっており、驚くほど硬く、膝の高さを大きく超えることはめったにありません。光合成を行うのはそれらの茎で、茎の節に輪生するちっぽけな鱗状の紫色の葉ではありません。茎にはシリカ（二酸化ケイ素）が含まれていて硬くざらざらしています。トクサの昔からの利用法は、「scouring rush（研磨イグサ）」、「gunbright（ぴかぴかの銃）」、「pewterwort（ピューターを磨く草）」といった一般名から窺い知ることができます〔訳注：和名の「砥草」も同様の理由からつけられた〕。茹でて乾燥させた茎は今でも販売されており、サクソフォンやクラリネットのリード部分を削ったり、日本では繊細な木工品を磨いたりするために使われています。

　一部のトクサの茎の先端には、おもしろい模様の胞子嚢穂がついており、毎年春になると、そこから次世代の材料が入った直径わずか1/12mmの無数の胞子が放たれます。これらのちっぽけな胞子の旅立ちは驚くべきものです。まずそれぞれの胞子の最外層が割れて、弾糸と呼ばれる4本の腕が現れます。弾糸は胞子に巻きついていますが、乾くと展開します。その小さな腕を胞子にぎゅっと巻きつけながら、ときおりぐぐっと展開しようとして、ついに突然、胞子を勢いよく空中に弾き飛ばすのです。周囲の空気が湿ったり乾いたりするたび、胞子は繰り返し、毎回1.5mmも飛び上がります。たった1.5mm？　と思われるかもしれませんが、胞子自体の大きさの30倍にもなるのですから、それは驚くべき偉業です。喜ばしいことに、胞子がこうやって弾け出ることで、そよ風に巻き上げられる可能性が劇的に高まることが、風洞試験によって示されています。

　トクサの祖先の1つであるロボク（*Calamites*）は、けた外れの大きさでした。30mを超す木質の幹をもち、およそ3億6,000万年前に繁栄し始めました。ところがカビや細菌が木質の成分を効率的に分解するようになるまでには、さらに6,000万年を要したのです。その間、木質のものはすべて押し潰され、石炭になる運命にありました。世界各地に眠る石炭の多くは、この時期に繁栄した巨大なトクサからもたらされたものです。ですからその時代は、石炭紀と呼ばれています。

海洋植物プランクトン

顕微鏡でしか見えない微小な単細胞生物を植物と定義するのは、皆が納得しないかもしれません。しかし植物プランクトンは、植物の最も重要な能力である光合成を確かに行います。大半がわずか数日の命であるそれらは、海流に押し流されながら光の当たる水面近くを漂っています。

太陽光を利用してそのプロセスを行う植物プランクトンは、ちょうど樹木が炭素を蓄えるのと同じように、海水に溶け込んだ二酸化炭素を使ってその微小な体に炭素化合物を取り込みます。小さくても数は莫大で、大さじ1杯の海水に数十万個が含まれていることもあります。世界の海洋植物プランクトンをすべて合わせると、樹木などの陸上植物をすべて合わせた量に匹敵する二酸化炭素を吸収（および酸素を放出）するのです。植物プランクトンは海洋における一次生産者、つまり食物連鎖の始まりでもあります。それらなしでは、他の海洋生物はほとんど存在できないでしょう。

植物プランクトンの大きさは通常、細い毛髪の幅ほどですが、はるかに小さなものもあります。レンズの倍率を上げると、まるで幻覚でも見ているように風変わりで、複雑な構造物であふれるパラレルワールドが露わになります。孤独な宇宙船みたいな形や信じられないほど幾何学的な形、微細な蛇や梯子の形、極細の糸に連なる精緻なビーズの鎖……。おびただしい数の異なる種があります。

私たちはときおり、その存在に気づかされます。植物プランクトンは栄養分と海水温の条件が重なると爆発的に繁茂し、数百km²にも広がって異常増殖する〔訳注：その状態を水の華ともいう〕ことがあるのです。海洋プランクトンの1グループである渦鞭毛藻類（英語ではdinoflagellateといい、極小の鞭毛を使って回転しながら泳ぐことから、渦巻きや回転を意味するギリシャ語のdinosに由来します）のなかには、異常増殖して海を赤く染める種がいます。また防御メカニズムとして進化した生物発光と呼ばれる化学的方法によって、光を作りだせる種さえいます。信じがたいことに、植物プランクトンの群れが放ったり、物理的な刺激を受けて発したりする光は、どうやら捕食者を驚かせるとともに、捕食者を追い払ってくれそうな、より大きな海洋生物を引き寄せているらしいのです。

温かく穏やかな夜の海で生物発光する水の華は、切ないほどに美しい、自然界屈指の光景です。そのような広大な海で脈動する光の群れに飲み込まれて泳ぎ、1つ1つはちっぽけな植物プランクトンが、海のほぼすべての栄養と生命の源であることを肌で知ると、しみじみと謙虚な気持ちが湧いてきます。

次はどこへ

本物の植物を見ることから始めましょう。小ぶりな木とか花を咲かせている灌木など、好みの植物を1つ決めて、少なくとも20分はつぶさに観察します。とにかく集中して。葉や花の形、色や模様はどうでしょう？ それらの感触や匂い、向きはどうですか？ 毛などのごく小さな特徴は？ 昆虫やその卵、傷や病気についても確かめてください。そしてその目で見たものについて、たくさん自問しましょう。「なにが？」「なにを？」「どのように？」と。でもいちばん大事なのは「なぜ？」です。同じことを他の植物でも繰り返してコツをつかみましょう。うまくできなくてもせいぜい多少の時間を失うだけですし、最高にうまくいけば、あなたの目に映る世界が変わるかもしれません。

それが終わったら、植物園での旅を始めましょう。そこにいけば、専門家が厳選したバラエティ豊かで胸が躍るような植物を楽しむことができます。ほとんどの植物園には熱心なスタッフがいて、有益な文献があり、同好の士と出会えるイベントも開催されています。植物園自然保護国際機構（Botanic Gardens Conservation International：BGCI）のウェブサイトwww.bgci.orgにアクセスすれば、最寄りの植物園が見つかります〔訳注：BGCIのウェブサイトは英語だが、日本を含め世界中の植物や植物園について検索することができる。日本の植物園については、日本植物園協会（http://www.syokubutsuen-kyokai.jp/）のサイトも役に立つ〕。

ここから後ろのページには、より深く探究するうえで役立つ参考文献を一部ご紹介しています。多くは容易に入手できますが、なかには図書館や中古市場で探さなければならないものもあるかもしれません。タイトルを見ても内容がわかりにくいもの、補足が必要と思われるものには、簡単な説明を入れました。植物の旅の初心者でも楽しめそうな本には、*印をつけてあります。

本書の執筆にあたり、多くの学術誌や科学論文を参照しました。ここにそのすべてを掲載することはしませんが、本書で取り上げた植物に関連する参考文献や多くの有用なリンク先については、www.jondrori.co.uk/80plantsにてご覧いただけます。

植物一般

本書をお楽しみいただけたのであれば、僭越ながら、私の前著はいかがでしょう?すてきなイラストは本書と同じくルシール・クレールによるものです。

*Around the World in 80 Trees, J. Drori, illustrated by Lucille Clerc (Laurence King Publishing, 2018; paperback edition, 2020)〔『世界の樹木をめぐる80の物語』ジョナサン・ドローリ著、ルシール・クレール挿画、三枝小夜子訳、柏書房、2019年〕

*The Forest Unseen, D.G. Haskell (Penguin Books, 2013)
〔『ミクロの森:1m²の原生林が語る生命・進化・地球』デヴィッド・ジョージ・ハスケル著、三木直子訳、築地書館、2013年〕
テネシー州の原生林の1m²の区画を丹念かつ詩的に観察する。

*The Private Life of Plants, D. Attenborough (BBC Books, 1995)〔『植物の私生活』デービッド・アッテンボロー著、門田裕一監訳、山と渓谷社、1998年〕
多岐にわたる内容を、豊富な写真とともに明快に解説。デービッド・アッテンボローの最高傑作の1つ。

*Anatomy of a Rose: The Secret Lives of Flowers, S. Apt Russell (Random House Group, 2001)
非常に興味深く、ウィットに富み、わかりやすい。

*Living Plants of the World, L. and M. Milne (Random House and Nelson, both 1967)

科学

基本的な科学の原理に覚えがある方には:

*Nature's Palette, D. Lee (University of Chicago Press, 2007)
植物の色彩に関する楽しいペーパーバック本。ウィットに富み、主張があり、かなり専門的な内容も一部含むが、一般の方にも非常に読みやすい。図版も美しい。

*Trees: Their Natural History, P.A. Thomas (Cambridge University Press, 2014)〔『樹木学』ピーター・トーマス著、熊崎実、浅川澄彦、須藤彰司訳、築地書館、2001年〕

樹木の仕組みや働きについて科学的に知りたいなら、この本がおすすめ。

The Kew Plant Glossary, 2nd edition, H. Beentje (Kew Publishing, 2016)
植物に関する真面目な本を読むときに、手元にあるととびきり役に立つ。

Nature's Fabric, D. Lee (University of Chicago Press, 2017)
科学と文化の融合について、図版とともに興味深く巧みに解説。驚くほど詳細だがわかりやすい。

*Flowers in History, P. Coats (Weidenfeld & Nicolson, 1970)

社会的・古典的な歴史と造園について、巧みに語られている。

食用植物

*Dangerous Tastes: The Story of Spices, A. Dalby (British Museum Press, 2000)〔『スパイスの人類史』アンドリュー・ドルビー著、樋口幸子訳、原書房、2004年〕
各スパイスにまつわる物語。楽しくわかりやすく、信頼できる。

McGee on Food & Cooking, H. McGee (Hodder & Stoughton, 2004)
きわめて科学的な観点から、料理人にも植物オタクにも愛されている素晴らしい参考書。

一般的な参考文献

高価ですが包括的な素晴らしい本で、図書館で思わず夢中になってしまいます。

Biology of Plants, 7th edition, P.H. Raven, R.F. Evert and S.E. Eichhorn (W.H. Freeman & Co, 2005)
植物科学の教科書のなかで、私がいちばんよく読んだ本。

The Plant-book, D.J. Mabberley (Cambridge University Press, 2006)
Species by species notes.
植物種ごとに解説。圧倒的な項目数を網羅しているため、活字は非常に小さい。マニア向け。

Sustaining Life: How human health depends on biodiversity, E. Chivian and A. Bernstein (Oxford University Press,

The Oxford Companion to Food, A. Davison (Oxford University Press, 1999)
私たちのあらゆる食べ物について、アルファベット順に掲載した大型参考書。

Sturtevant's Notes on Edible Plants, U.P. Hedrick, ed. (J.B. Lyon Company, 1919)
百科事典のような参考書であり、歴史の見事な断片でもある。主に農家や生産者向け。

2008)〔『サステイニング・ライフ』エリック・チヴィアン、アーロン・バーンスタイン編著、小野展嗣、武藤文人監訳、東海大学出版部、2017年〕
地球上のすべての政治家と政策立案者が読むべき本。

Tropical & Subtropical Trees: A worldwide encyclopaedic guide, M. Barwick (Thames & Hudson, 2004)
驚くほど軽妙な筆致で書かれた、美しい図版入りの大著。

歴史的な旅と現地での植物研究

植物に強い関心を抱いていた初期の旅行者の話は途方もなくおもしろく、当時について
たくさんのことを教えてくれます。19世紀初頭に南米を旅したアレクサンダー・フォン・
フンボルトからは、科学探査旅行に関する素晴らしい個人的体験を知ることができます
し、1863年刊行のヘンリー・ウォルター・ベイツによる『アマゾン河の博物学者』
（H.W.ベイツ著、長沢純夫・大曾根静香訳、平凡社、1996年）と1854年のジョセフ・
ダルトン・フーカーによる『ヒマラヤ紀行』（J.D.フーカー著、薬師義美訳、白水社、
1979年）はいずれも良書で、19世紀半ばの遠征がどんなものであったのかを今に伝え
ています。また1893年に出版されたメアリー・キングスリーによる*『Travels in West
Africa（西アフリカ旅行記)』は、読むとちょっと気恥ずかしくなるかもしれませんが、植
物標本を収集する彼女のひとり旅にまつわる輝かしい物語です。そして忘れてならない
旅人は、史上最高の博物学者の1人であるチャールズ・ダーウィンです。1859年の彼
の著書『種の起源』はどなたの読書リストにも入っているでしょうが、私はとりわけ、そ
の観察方法にも奇妙な蘭の世界にも見事な洞察を示している1862年刊行の『ダーウィ
ン全集：蘭の受精』（正宗厳敬訳、白揚社、1939年）を大いに楽しみました。これら
の本はすべて最新版をすぐに安価で入手できます。

経済植物学

以下は、人間による植物の利用法につ
いて書かれた本です。

*Plants from Roots to Riches, K. Willis
and C. Fry (John Murray, 2014)
個々の植物種に関するわくわくするような
歴史。

*Plants and Society, E. Levetin and K.
McMahon (McGraw Hill, 2020)
非常に読みやすい。旧版なら安価です
ぐに手に入る。

The Commercial Products of India, G.
Watt (John Murray, 1908)
商業利用できそうなあらゆる植物に関す
る非常に詳細な手引き書。歴史、文化、
栽培について説明されている。特に大英
帝国の本質を理解するうえで役立つ。

People's Plants: A Guide to Useful
Plants of Southern Africa, B.-E. van
Wyk and N. Gericke (Briza Publications,
2007)
世界最後の狩猟採集民族の1つ、サン
人が利用している多くの植物について掲
載。

Plants in Our World, 4th edition, B.B.
Simpson and M.C. Ogorzaly (McGraw-
Hill, 2013)
人間による植物の利用に関する素晴らし
い教科書。

医療、薬、毒

*Dangerous Garden, D. Stuart (Frances Lincoln, 2004)
綿密なリサーチにもとづく科学と歴史の最高の組み合せ。文章もわかりやすい。

*Narcotic Plants, W. Emboden (Collier Books, 1979)
非常におもしろく読める、生物学と文化を融合させた本。

Plants That Kill, E.A. Dauncey and S. Larsson (Royal Botanic Gardens Kew, 2018)〔『世界毒草百科図鑑』エリザベス・A・ダウンシー、ソニー・ラーション著、船山信次監修、柴田譲治訳、原書房、2018年〕
イラストや写真が豊富で、説明が明快。犯罪や偶発的な中毒事故について興味深い事例を取り上げている。就寝前には読まない方がいいかも。

Murder, Magic and Medicine, J. Mann (Oxford University Press, 1994)〔『殺人・呪術・医薬：毒とくすりの文化史』ジョン・マン著、山崎幹夫訳、東京化学同人、1995年〕
やや科学に覚えのある人向け。

さらに2冊：
Medicinal Plants of the World, B.-E. van Wyk and M. Wink (Timber Press, 2005)
Mind-altering and Poisonous Plants of the World, B.-E. van Wyk and M. Wink (Timber Press, 2008)

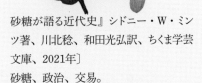

社会的・文化的な歴史

Compendium of Symbolic and Ritual Plants in Europe, M. De Cleene and M.C. Lejeune (Man & Culture Publishers, 2003)
全2巻の魅力的な参考書。ヨーロッパに重点が置かれ、非常に読みやすい。

The Cultural History of Plants, G. Prance and M. Nesbitt, eds (Routledge, 2005)
ずっしり重い。研究を始めるには最適。

*Sweetness and Power, S.W. Mintz (Penguin Books, 1985)〔『甘さと権力：砂糖が語る近代史』シドニー・W・ミンツ著、川北稔、和田光弘訳、ちくま学芸文庫、2021年〕
砂糖、政治、交易。

Flowers and Flower Lore, 3rd edition, H. Friend (Sonnenschein, 1886)
多くの研究者が長年にわたり参照してきた詳細な情報源。

さらにもっと専門的な本

個別の属や種に関しては多くの書籍があ
ります。特に楽しく読めるものをいくつか
ご紹介します。

A Natural History of Nettles, K.R.G.
Wheeler (Trafford, 2005)
見事な本！　セイヨウイラクサに関する
民間伝承、科学、歴史などを魅力的に
詳述。

The Book of Bamboo, D. Farrelly
(Sierra Club Books, 1984)
タケについて驚くほど事細かに解説。満
足感あり。

*Orchid Fever, E. Hansen (Methuen,
2001)〔『ラン熱中症：愛しすぎる人たち』
エリック・ハンセン著、屋代通子訳、日
本放送出版協会、2001年〕

学術書

科学用語が多用されており、旧版を探さ
ないと高価だとは思いますが、わかりや
すい部分もあるので、図書館で見ていた
だくとよいと思います。

Plant-Animal Communication, H.M.
Schaefer and G.D. Ruxton (Oxford
University Press, 2011)
植物と動物がシグナルを送り合うさまざ
な方法を概説。このセクションのなかで
は最も理解しやすい本。

The Evolution of Plants, 2nd edition, K.
Willis and J.C. McElwain (Oxford
University Press, 2004)

まさしく「愛と欲望と狂気の園芸物語」。

Vegetables from the Sea, S. and T.
Arasaki (Japan Publications Inc., 1973)
海藻について、生物学、文化、調理法
をまとめて取り上げた珍しい本。

All about Coffee, W.H. Ukers (Tea and
Coffee Trade Journal Company, 1922)
〔『ALL ABOUT COFFEE コーヒーのす
べて』ウィリアム・H・ユーカーズ著、山
内秀文訳・解説、KADOKAWA、2017
年〕
飲むのも育てるのも熱心なコーヒーマニア
のために何度も再版されている。複数の
出版社からペーパーバック版も出ており、
すぐに入手できる。情報が詰め込まれて
いるので、要約版や小さな文字で印刷さ
れている版に気をつけること。

植物の科の違いがどのように生じたのか
を探っている。

Avoiding Attack, G.D. Ruxton, T.N.
Sherratt and M.P. Speed (Oxford
University Press, 2004)
植物や生き物はどのようにして餌食にな
らないようにしているのか？

Leaf Defence, E.E. Farmer (Oxford
University Press, 2014)
植物はどのようにして動物に食べられな
いようにしているのか？

自由にアクセスできるウェブサイト

Encyclopedia of Life
www.eol.org
あらゆる既知の生物種に関する重要な属
性、地図、写真などを掲載。

Botanic Gardens Conservation
International
www.bgci.org
植物園自然保護国際機構（BGCI）のウ
ェブサイト。「GardenSearch」から地元
の植物園やイベントを見つけられる。

著者のウェブサイト
www.jondrori.co.uk/80plants

主に以下のカテゴリーに分けて、多くのリ
ンクを掲載しています。
特に内容の充実した植物園；植物に関
するブログ；樹木；民族植物学、文化、
民間伝承；医療と薬物；子ども向けの
資料；農業、農作物とそれらの野生種；
特定の国に向けた資料；人気のある植
物についての科学；進化；個別の植物
種；経済植物学；食用植物；充実した
推薦図書リスト
また、本書で取り上げた植物種に関連
するリンク先と学術文献も掲載しています。

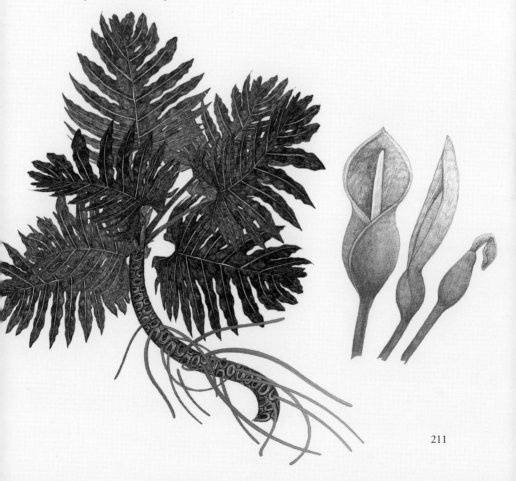

索引

212

著者紹介｜ジョナサン・ドローリ（Jonathan Drori）

エデン・プロジェクト評議員、世界自然保護基金（WWF）アンバサダー。過去には9年にわたりキューガーデンとウッドランド・トラストの評議員を務めた。ロンドン・リンネ協会およびロンドン動物学会フェロー。元BBCドキュメンタリー番組制作者。2006年にCBE（大英帝国3等勲爵士）受勲。

挿画画家紹介｜ルシール・クレール（Lucille Clerc）

フランス人イラストレーター。パリとロンドンで美術を学んだ後、世界的な高級服飾店、博物館、ヒストリック・ロイヤル・パレシズと仕事をしてきた。作品はドローイングとシルクスクリーンを用いて生み出され、ロンドンや、自然と都市との関係からインスピレーションを得たものが多い。

訳者紹介｜穴水由紀子（あなみず・ゆきこ）

東京女子大学文理学部社会学科卒業、英国バース大学通訳翻訳修士課程修了。訳書に『リーダーをめざすあなたへ』、『世界の大河で何が起きているのか――河川の開発と分断がもたらす環境への影響』、『タータン事典――チェック模様に秘められたスコットランドの歴史と伝統』（以上一灯舎）など。

世界(せかい)の植物(しょくぶつ)をめぐる80の物語(ものがたり)

2022年9月20日　第1刷発行

著者　ジョナサン・ドローリ

挿画　ルシール・クレール

翻訳　穴水由紀子

発行者　富澤凡子

発行所　柏書房株式会社

東京都文京区本郷2-15-13（〒113-0033）
電話（03）3830-1891［営業］
（03）3830-1894［編集］

装丁　柳川貴代

DTP　有限会社一企画

印刷・製本　中央精版印刷株式会社

ISBN978-4-7601-5489-0　C0040